JN170096

品質管理検定試験

QC検定３級受験対策

演習問題・解説集　第３版

鈴木　　聡 編著
五影　博之
恵畑　　聡
小原　次夫
加藤　行勝
篠原　健雄
清水　　力
末永　量三
須加尾政一
中森　幸廣
宮脇　　均
渡邉　裕之 著

日科技連

第3版発刊にあたって

品質管理検定（QC 検定）は1級から4級まであり，2005年12月に第1回目が行われ，2015年9月には，第20回目が行われました．2015年の申込者数の全体は12万名超，3級のみでも6万5000名を超えています．このことからもわかるように，品質管理検定（QC 検定）は広く社会に根づいており，早めに受検することをお勧めします．

さて，品質管理検定（QC 検定）では，どのような問題が出題されるのでしょうか．試験範囲は，級別に「品質管理検定レベル表」に規定されています．ここで注意しなければならないことは，品質管理検定レベル表が2015年1月30日に改定されていることです．旧版と混同しないように気をつけてください．最新版（2015年1月30日版）の「品質管理検定レベル表」は，日本規格協会のWebサイトで公開されています．

この品質管理検定レベル表の改定に伴い，本書についても改訂致しました．改訂にあたっては，受験生の勉強のしやすさを考慮して，品質管理検定レベル表の試験範囲の記載順どおりに本書を構成しました．

また，受験生が勉強する際に注意しなければならない点が2点あります．まず1点目は，各級の試験範囲は，その下に位置する級の試験範囲を含むことです．つまり，3級の試験範囲には4級の試験範囲も含むこととなります．この4級については，日本規格協会のWebサイトにおいて公開されている「品質管理検定（QC 検定）4級の手引き」からの出題となりますので，本書を用いて3級の試験範囲を勉強するとともに，この4級の手引きも勉強しておく必要があります．そして2点目は，検定の合否は試験結果の総合得点のみで決まるわけではないということです．合格基準は，「総合得点概ね70%以上」かつ「品質管理の実践分野概ね50%以上」かつ「品質管理の手法分野概ね50%以上」です．つまり，偏った勉強方法ではなく，試験範囲の内容を全般的に理解しておく必要があります．なお，実践分野と手法分野の区別については，品質管理検定レベル表に明記されています．さあ，あなたも品質管理検定（QC 検定）3級合格を目指して，頑張っていきましょう．

最後になりましたが，出版にあたり，株式会社日科技連出版社の戸羽節文氏，木村修氏には，たいへんお世話になりました．ここに感謝の意を示します．

2016 年 3 月 9 日

鈴木　聡

まえがき・本書の使い方

あなたが勤めている企業では，適確な品質管理を実践していますか.

良い品質の製品を生産し続けて，お客様に喜んで頂けることができれば，これに勝るものはありません．それでは，良い品質の製品を生産し続けるためには，何が必要でしょうか．必要なものはたくさんありますが，その中でも，大切なものが2つあります．それらは，「管理技術」と「固有技術」です．前者の管理技術とは，まさに品質管理のことであり，後者の固有技術とは，各業界・企業が持っている製品を生産するための技術のことです．固有技術の有無を客観的に把握できる資格試験は，電気工事士やボイラー技士など数多くあります．しかし，管理技術･品質管理に対するものは，あまりありませんでした.

そこで, 2005年12月に日本品質管理学会認定の「品質管理検定（QC検定)」が始まりました.

品質管理検定（QC検定）には，1級から4級まであります.

本書の対象である3級とは，QC七つ道具などの個別の手法を理解している方々，小集団（QCサークル）活動などでメンバーとして活動している方々，大学生，高専生，工業高校生などを対象としています.

そして，試験の出題内容は，品質管理の実践と品質管理の手法に分かれており，「品質管理検定レベル表」に詳細に記載されています.

本書の大きな特徴の1つ目は，この品質管理検定レベル表の内容に沿って構成されていることです．つまり，あなたが本書を利用して試験対策をしていけば，試験の出題内容に対して漏れがないことを，あなた自身が把握できることとなります.

次に，本書の大きな特徴の2つ目は，実際の試験問題の出題形式に沿っていることです（3級はすべてマークシート方式であり，本書の演習問題の出題形式は基本的に過去問題に合わせています).

それでは，試験対策として，本書を具体的にどのように活用していけば良いのでしょうか.

まず認識しなければならないことは，「木を見て森を見ず」になってしまってはならないことです．つまり，1回目の勉強の際には，個別の品質管理の知識や個別の品質管理の手法にこだわり過ぎずに，全体像の把握に努めたほうが良いでしょう．そして，全体像がおおよそ把握できてから，2回目の勉強の際に，細かい部分も含めた内容の把握に努めたほうが効率的と思われます．

さあ，あなたも品質管理検定（QC検定）3級に一発合格を目指して，頑張っていきましょう．

また，本書の出版にあたり，株式会社日科技連出版社の薗田俊江氏，戸羽節文氏には，たいへんお世話になり，ここに感謝の意を示します．

さらに，早稲田大学理工学術院 棟近研究室の山田正宗さんをはじめ，子安沙央里さん，梶原光徳さん，福島瑠依子さん，小菅良平さん，佐野雅隆さん，志田雅貴さんには，実際に問題を解答して頂き，忌憚のないご意見を頂戴し，とても役立ちました．合わせて，ここに感謝の意を示します．

2007年　元旦

（2016年3月9日修正）

鈴木　聡

CONTENTS

第3版発刊にあたって　*iii*
まえがき・本書の使い方　*v*

1 QC的ものの見方・考え方

1.1　マーケットイン，プロダクトアウト，顧客の特定，Win-Win　*1*
1.2　品質第一　*2*
1.3　後工程はお客様　*2*
1.4　プロセス重視　*2*
1.5　特性と要因，因果関係　*3*
1.6　再発防止と未然防止　*3*
1.7　源流管理　*4*
1.8　目的志向　*4*
1.9　QCD＋PSME　*4*
1.10　重点指向　*5*
1.11　事実に基づく管理　*5*
1.12　見える化　*5*
1.13　ばらつきの管理　*5*
1.14　全部門，全員参加　*6*
1.15　人間性尊重，従業員満足(ES)　*6*

2 品質とは

2.1　品質の定義　*14*
2.2　要求品質と品質要素　*14*
2.3　ねらいの品質とできばえの品質　*14*
2.4　品質特性，代用特性　*15*
2.5　当たり前品質と魅力的品質　*16*
2.6　サービスの品質，仕事の品質　*17*
2.7　社会的品質　*17*
2.8　顧客満足(CS)，顧客価値　*17*

3 管理の方法

3.1　維持と管理　*21*
3.2　PDCA，SDCA，PDCAS　*24*
3.3　継続的改善　*24*
3.4　問題と課題　*24*
3.5　問題解決型QCストーリー　*25*
3.6　課題達成型QCストーリー　*27*

4 品質保証：新製品開発

4.1　結果の保証とプロセスによる保証　*35*
4.2　保証と補償　*36*
4.3　品質保証体系図　*36*
4.4　品質機能展開(QFD)　*37*
4.5　DRとトラブル予測，FMEA，FTA　*38*
4.6　品質保証のプロセス，保証の網(QAネットワーク)　*39*
4.7　製品ライフサイクル全体での品質保証　*40*
4.8　製品安全，環境配慮，製造物責任　*40*

CONTENTS

4.9 市場トラブル対応，苦情とその処理 42

5 プロセス保証

5.1 作業標準書 47
5.2 プロセス（工程）の考え方 48
5.3 QC工程図，フローチャート 49
5.4 工程異常の考え方とその発見・処置 53
5.5 工程能力調査，工程解析 54
5.6 検査の目的・意義・考え方 56
5.7 検査の種類と方法 56
5.8 計測の基本 57
5.9 計測の管理 58
5.10 測定誤差の評価 60
5.11 官能検査，感性品質 62

6 方針管理

6.1 方針（目標と方策） 71
6.2 方針の展開とすり合わせ 71
6.3 方針管理の仕組みとその運用 71
6.4 方針の達成度評価と反省 73

7 日常管理

7.1 業務分掌，責任と権限 76
7.2 管理項目（管理点と点検点），管理項目一覧表 76
7.3 異常とその処置 77
7.4 変化点とその管理 78

8 標準化

8.1 標準化の目的と意義・考え方 82
8.2 社内標準化の目的と意義 83
8.3 工業標準化，国際標準化 83

9 小集団改善活動

9.1 小集団改善活動（QCサークル活動）とその進め方 90

10 人材育成

10.1 品質教育とその体系 93

11 品質マネジメントシステム

11.1 品質マネジメントの原則 96
11.2 ISO 9001 96
11.3 マネジメントシステム監査 103

12 データの取り方・まとめ方

12.1 データの種類 110
12.2 データの変換 111
12.3 母集団とサンプル 111
12.4 サンプリングと誤差 112

12.5　基本統計量　*113*

13 QC七つ道具

13.1　パレート図　*124*
13.2　特性要因図　*125*
13.3　チェックシート　*127*
13.4　ヒストグラム　*128*
13.5　散布図　*132*
13.6　グラフ　*134*
13.7　層別　*138*

14 新QC七つ道具

14.1　親和図法　*164*
14.2　連関図法　*166*
14.3　系統図法　*168*
14.4　マトリックス図法　*170*
14.5　アロー・ダイヤグラム法　*171*
14.6　PDPC法　*172*
14.7　マトリックス・データ解析法　*174*

15 統計的方法の基礎

15.1　正規分布　*181*
15.2　二項分布　*183*

16 管理図

16.1　管理図の考え方，使い方　*186*
16.2　管理図の実際　*188*

17 工程能力指数

17.1　工程能力指数の計算と工程能力の評価方法　*198*

18 相関分析

18.1　相関係数　*204*

参考・引用文献　*210*

カバーデザイン　山田幸子

① QC的ものの見方・考え方

QC的ものの見方・考え方は，品質管理を実践するうえで，基盤となるキーワード，重要事項である．これらの項目は，品質管理，問題解決，改善活動などを実施する際に，現状をどのように捉えるのか，どのような考え方に基づいて進めていくのかの指針となるものである．

1.1 マーケットイン，プロダクトアウト，顧客の特定，Win-Win

JIS Z 8141によると，マーケットインとは「市場の要望に適合する製品を生産者が企画，設計，製造，販売する活動」のことである．

マーケットインの本来の意味は，企業の存在理由が，「人間のための，人間による，人間の社会制度」にあることから，企業活動は当然消費者，人間，社会，自然に対する忠誠をもって貫かれなければならない．そうであれば，販売する製品は消費者が望む使用品質を満たすものでなければならない．このような考え方で新製品を開発し，販売し，品質保証する必要がある．

この考え方を普遍化して，現在ではもっと広い意味で用いられている．すなわち「何事においても常に相手の立場に立って物を考え判断し行動する」という考え方である．「後工程はお客様」とか，「ユーザーニーズの把握」なども同様な意味で用いられている．例えば，設計部門は常に顧客と生産部門の立場に立って物を考え，生産部門は設計部門と流通部門，さらには，顧客の立場に立って，行動することが必要である．

プロダクトアウトとは，「作ったものを売りさばく考え方」であり，マーケットインと対をなす言葉である．企業の一方的立場から，例えば，技術者の夢を具現化した開発製品を市場で売りさばこうとする考え方といえる．消費者の立場，ユーザーのニーズなどをあまり考慮していない．アイデア商品によくみられるものである．しかし，マーケットイン同様今では広義に解釈され，相手の立場を考えない一人よがりの考え方·行動を意味することがある．例えば「彼の発想はプロダクトアウト的だ」などというように用いられている．

マーケットインの考え方を実践するには，顧客は誰かをまず明らかにする必要がある．すなわち，顧客の特定が必要である．

顧客とは,「製品を受け取る組織又は人」をいう.例えば,「消費者,依頼人,エンドユーザー,小売業者,受益者及び購入者」である.また,「顧客は,組織の内部又は外部のいずれでもあり得る」(JIS Q 9000).

マーケットインの考え方を実践するうえで,例えば,二者間で対立すると思われることでも,双方のでき得る事柄を検討し,最終的に双方にとってメリットがある結果になるように行動する考え方に"Win-Win"の考え方がある.

生産者が自身の利益のみを考えるのではなく,顧客思考で行動することで,生産者にとっても顧客にとっても双方にメリットがある結論になるように行動することが重要である.

1.2 品質第一

品質第一とは,品質管理を重視することである.良い品質の製品・サービスを提供することにより,お客様の信頼を得て製品の売上げ・サービスの利用が増加し,長期的に大きな利益を得て,安定した経営ができる.

これに対して短期的な利益第一でいくと,長期的な経営基盤となる重要事項を軽視することとなり,結果として長期的な利益を失う恐れがある.

1.3 後工程はお客様

後工程とは,自工程の仕事の影響を受けるすべての工程のことである.「後工程はお客様」とは,後工程をお客様と考え,お客様の満足を得るように仕事に責任を持って,良い結果を提供するという考え方である.自工程の仕事の良し悪しは,後工程によって判断される.社内の全部門がこの取組みをすることで,部門間の風通しが良くなり,全社的に仕事の質が高まり,品質向上に結びつく.

1.4 プロセス重視

プロセスとは,工程・過程や仕事のやり方のことをいい,ISO 9000(JIS Q 9000)では,「インプットをアウトプットに変換する,相互に関連する又は相互に作用する活動」と定義されている.

プロセス重視とは,結果のみを追うのではなく,プロセスに着目し,これを管理し，仕事の仕組みとやり方を向上させることが大切であるという考え方である．品質は，プロセスで作り込まれ，品質の良し悪しはプロセスで決定づけられる．このため，出荷時の検査を強化するだけでは，高い品質のものを経済的に作ることはできない．

1.5 特性と要因，因果関係

ISO 9000（JIS Q 9000）によると，特性とは，「そのものを識別するための性質」をいう．例えば，「特性は本来備わったもの又は付与されたもののいずれでもあり得る」．さらに，「特性は定性的又は定量的のいずれでもあり得る」．また，「特性には，次に示すようにさまざまな種類がある．「①物質的　例：機械的，電気的，化学的，生物的　②感覚的　例：嗅覚，触覚，味覚，視覚，聴覚　③行動的　例：礼儀正しさ，正直，誠実　④時間的　例：時間の正確さ，信頼性，アベイラビリティ，⑤人間工学的　例：生理学上の特性，又は人の安全に関するもの），⑥機能的　例：飛行機の最高速度」．

要因とは「ある現象を引き起こす可能性のあるもの」（JIS Q 9024）をいう．仕事の結果に対し，影響を与える原因となるもの．データのばらつきや変化をもたらす原因の総称をいう．データの解析にあたっては，どの要因が特性に影響を与えるか，またその要因がどの程度，特性にばらつきを与えているかを知ることが重要である．

因果関係とは，原因（要因）と結果（特性）の関係をいう．結果をできるだけ安定した状態に保つためには，結果に対して影響を及ぼしている原因を見つけて，これを安定させる必要がある．このためには，事実・データに基づいて因果関係を解析，整理することが大切である．

1.6 再発防止と未然防止

良い品質の製品を安定して製造し続けるためには，不良品を発生させる問題，ばらつきを大きくする問題が発生しないようにしなければならない．このための取組みの考え方に，再発防止，未然防止がある．

再発防止：問題が発生した後でその原因を突き止めて対策を施し，二度と問題が発生しないようにすること

未然防止：発生しそうな問題を前もって洗い出し，問題が発生しないように

実施方法を修正したり対策を講じておくこと

未然防止の検討では，これまでに発生した問題を分類・整理，分析して活用することが重要である．

1.7 源流管理

源流管理とは，製品やシステムを生み出す過程（プロセス）のなるべく源流の段階において品質やコストに関する不具合事項を予測し，その要因に是正・改善の措置を行う体系的活動である．つまり，問題を後に残さないようにする管理の仕組みのことであり，中国の諺にある「先憂後楽」と同じ考え方といえる．

1.8 目的志向

目的とは，成し遂げようとめざす事柄や到達点をいう．英語の objectives は，日本語の目的や目標の意味を含む．ISO 14001 環境マネジメントシステムでは，環境目的と環境目標を分けているが，ISO 9000 品質マネジメントシステムでは品質目標にまとめている．

志向とは，何かが究極的にそうなることをめざしていることである．

目的志向で物事を考え行動することは，成し遂げようとめざす事柄や到達点に向けてそうなることをめざして行動することである．

目的志向で行動した場合と目的志向で行動しなかった場合を比較すると，その成果の度合が大きく異なってくる．目的志向で行動しない場合，その成果は当初求めていた事柄から逸脱することも生じ得る．

何事も目的志向で考え，行動することが大切である．

1.9 QCD ＋ PSME

QCD とは，Quality（品質），Cost（原価），Delivery（量，納期）のことをいう．TQC 活動を推進するために広義の品質として対象とするいくつかの機能があるが，その中心となるものであり，これらの頭文字をとって QCD の 3 機能ということがある．

さらに，QCD に，P（Productibity：生産性），S（Safety：安全），M（Morale：

士気，Moral：倫理），E（Enbironment：環境）を加えたQCD+PSMEの7つを広義の品質として取り上げることがある．

1.10 重点指向

重点指向とは，改善において，多くの項目の中から，結果への影響が大きいと思われる事項に焦点を絞って集中的に取り組んでいくという考え方である．

解決すべき問題を絞り込む手法としては，一般にパレート図が用いられる．なお，問題の絞り込みにあたっては，ある特定の部門や工程で最適なものだけではなく，同じ原因から類似問題が起こり得る全体の製品や組織全体で最適なものを選ぶことが重要である．

1.11 事実に基づく管理

事実に基づく管理（ファクトコントロール）とは，経験や憶測のみに頼るのではなく，事実やデータを基本として，それらのかたよりやばらつきに着目して管理していくという考え方である．これも品質管理で重要な考え方の一つである．

事実を捉えるためには，定量的なデータをとること，客観的に現状を観察することなどが重要である．

1.12 見える化

見える化とは，状況，状態，内容，実施方法などをグラフ，図表，写真などにし，目で見てわかりやすくする方法である．見える化により，関係者で情報を早く共有できる，意識付けが強まる，理解のばらつきが小さくなるなどの効果がある．

1.13 ばらつきの管理

同じ原材料，設備，作業者で同じ製品を製造しても，それぞれの製品にはばらつきが伴っている．このばらつきを適切な範囲内に入るように管理する，または，ばらつきを小さくするように改善することが大切である．

ばらつきは次の2つに大別される．

偶然原因によるばらつき：どうしても避けることのできないばらつき

異常原因によるばらつき：避けようとすれば避けることができるばらつき

1.14 全部門，全員参加

品質管理を進めるうえでは，全部門，全従業員に関わる活動であることの認識が大切である．

特に，品質保証の仕事は，各部門にまたがっており，お互いの協力がなくてはできない．そのためには，全員参加の考え方が不可欠である．

ここで，全員参加とは，全員が参加して，同じ目的に向かって取り組むことをいう．

QCサークルなどの小集団活動においては，その活動が行われている職場の者が，すべて参加し，一人ひとりが役割を分担し，それぞれの責任を果たすことにより，活動の効果をあげることができるので，これは活動の手段であるとともに重要な目的ともなっている．

これにより，一人の人間では果たせないことを達成できるだけでなく，目標達成への過程を通じて，みんなの一体感・自信を生み，強固なチームワークが生じる．なお，全員参加のためには，テーマの選び方，会合の開き方，教育，リーダーシップなどの要因が大きく影響するため，工夫が必要である．

1.15 人間性尊重，従業員満足(ES)

人間性尊重（人間性志向）とは，新しい時代の人間の生きがいを尊重し，その能力を最大限に発揮させる考え方のことをいう．

人間性とは，自主性，自分の意識をもって，人から言われたというのでなく，自発的にやっていく人間であるということと，頭を使って，よく考えるということである．

TQMにおける組織的な体質改善では，まず人間性尊重を安定基盤として路線を敷き，そのうえで品質向上・新製品展開などの組織的な仕組みの改善を実施するとよい．

QCサークル活動の基本理念の一つに「人間性を尊重して，生きがいのある明るい職場をつくる」がある．ここでの人間性を尊重することの評価を行ううえで，従業員満足（Eemployee Satisfaction：ES）の度合は一つの指標となる．従業員満足を高めて，生きがいのある明るい職場をめざすことが大切である．

演習問題

Q1 **次の文章で，正しいものに○，正しくないものに × を解答欄にマークせよ．**

① QC的ものの見方・考え方に「利益第一」があり，経営課題で最も重要なことは，短期的利益を最優先することである，という考え方である． (1)

② 品質管理の究極の目的は，顧客の満足を得ることである． (2)

③ プロセス管理とは工程で特性のばらつきを低減させることなく，検査で品質を保証しようとすることである． (3)

④ 計画を立て，それに従って実施し，その結果を確認し，必要に応じてその行動を修正する処置をとることをPDCAのサイクルという． (4)

⑤ 不良発生件数を原因別に集計したところ，14の原因に分類できた．効率良く不良低減を行うためには，14の原因すべてについて分析を行い対策をとるほうがよい． (5)

⑥ 製造工程では作業者の勘と経験と度胸，それらの頭文字をとった，いわゆるKKDにより改善活動を行うほうが効率的である． (6)

⑦ 品質管理では，担当する工程ごとに品質向上に取り組むことが大切であり，他の工程のことをまったく考慮する必要はない． (7)

⑧ 同じ原材料を用いて，同じ製造装置を使用すれば，まったくばらつきのない製品を容易に製造できる． (8)

⑨ 改善活動で対策効果の確認ができたら，対策を継続して実施するため，その実施方法を手順として示し，関係者で実践できるようにするとよい． (9)

⑩ 実施に伴って発生すると考えられる問題をあらかじめ計画段階で洗い出し，それに対する修正や対策を講じておくことを未然防止という． (10)

⑪ 見える化とは，製造ラインの状態をカメラで監視できるようにするこ

とであり，製造条件や品質結果をグラフに表わすことを見える化とは呼ばない．［ (11) ］

Q2 **次の文章において，［　　］内に入るもっとも適切なものを選択肢から１つ選び，その記号を解答欄にマークせよ．**

① 定量的なデータや客観的な観察により分析，判断を行い，改善，維持を進める考え方を［ (1) ］という．
② 問題の原因は多数あるが，問題の大部分は少数の重要項目によって占められ，残りのわずかな部分は多数の軽微項目による場合が多い．ここで，少数の重要項目に絞って取り組むことを［ (2) ］という．
③ 顧客に満足していただける良い品質の品物・サービスを提供することで長期的に利益が得られ，安定した経営ができるという考えを［ (3) ］という．
④ 良い品質の製品は良い工程の結果として作り出される，「品質は工程で作り込まれる」という考え方に基づいて，工程管理に重点をおくことを［ (4) ］という．
⑤ ユーザーニーズを把握し，市場の要望に合った製品を企画，製造，販売する考え方を［ (5) ］という．
⑥ すでに進め方が確立され標準化がなされている業務において，改善活動を行う場合，［ (6) ］の考え方で進める．

【選択肢】

ア．再発防止	イ．品質第一	ウ．プロセス重視
エ．事実に基づく管理	オ．マーケットイン	カ．重点指向
キ．PDCAS	ク．SDCA	ケ．QC ストーリー

Q3 **次の文章において，［　　］内に入るもっとも適切なものを選択肢から１つ選び，その記号を解答欄にマークせよ．**

① 避けようとしても避けることのできないばらつきを［ (1) ］によるばらつきといい，避けようとすれば避けることができるばらつき

を [(2)] によるばらつきという．

② 部品の組み立て手順，方法をマニュアルにし，教育を行い，マニュアルに従った手順，方法を守っていくことを [(3)] という．マニュアルや教育で，組み立て手順を図にしたり，ビデオでわかりやすくすることは [(4)] の方法の一つである．

③ 工程間・部門間での情報共有を進めて協力体制を確立し，セクショナリズムをなくして全社で品質管理に取り組むために，[(5)] の考え方が役に立つ．

④ 問題が発生したときに，工程や仕事の仕組みにおける原因を調査して取り除き，二度と同じ原因で問題が起きないように対策を打つことを [(6)] という．

【選択肢】

ア．異常原因	イ．偶然原因	ウ．品質第一
エ．再発防止	オ．見える化	カ．標準化
キ．重点指向	ク．後工程はお客様	ケ．プロセス重視
コ．未然防止	サ．事実に基づく管理	

Q4 次の文章で，正しいものに○，正しくないものに × を解答欄にマークせよ．

① マーケットインとは，プロダクトアウトと同意語である． [(1)]

② マーケットインの思想が普及すれば，相互研鑽が進み，自己啓発・相互啓発によって種々の摩擦・亀裂がなくなる．日本の品質管理はこのような性善説を基本においた思想であるといわれてきた． [(2)]

③ 顧客満足を得るため，企業でアフターサービスを行う必要はない． [(3)]

④ 因果関係とは，原因と結果の関係をいう． [(4)]

⑤ 製品やシステムを生み出す過程（プロセス）のなるべく源流の段階において品質やコストに関する不具合事項を予測し，その要因に是正・改善の措置を行う源流管理の考え方は必要ではない． [(5)]

⑥ 事実に基づく管理により，スタッフ部門から工程のデータ分析の結果

報告が十分になされれば，管理者や経営者は，現場の確認を行わなくてもよい． (6)

⑦ 同じ条件で製造しても製品にはばらつきが伴う．このばらつきは，製品の個性であり，ばらつきは大きい方が望ましい． (7)

⑧ 「後工程はお客様」の考え方をすると，「総務部門」のお客様は，設計部門や製造部門などと考えることができる． (8)

⑨ 品質管理において，社内の人に対して「後工程はお客様」という考え方はない．すなわち，お客様は実際に製品やサービスを受ける「顧客」であって，社内の人を「お客様」と考えることはない． (9)

⑩ 問題が発生しないように，あらかじめ問題を引き起こす原因に対する対処をしておくことを「未然防止」という． (10)

⑪ 問題が発生したら，その発生原因を追究し，同じ問題を繰り返さないように対策を実施することを「再発防止」という． (11)

⑫ 製品が良品になるか不良品になるかは，ほとんど製造工程で決まってしまうため，品質改善のためには，工程における不良発生原因を追究して対策を実施しなければならない． (12)

⑬ QCDとは，Quality（品質），Cost（原価），Delivery（量，納期）のことをいい，PSMEとは，P（Productibity：生産性），S（Safety：安全），M（Morale：士気，Moral：倫理），E（Environment：環境）のことをいう． (13)

⑭ 企業が発展を続けるためにはその企業が，そこで働く人の人間性を尊重して従業員満足ESを向上し，その人たちにとって働きがいのある職場になっていることは必要がない．収益重視が重要である． (14)

演習問題

Q1

(1) ×　「利益第一」ではなく「品質第一」である．良い品質のものを作ることでお客様の満足を得て，継続し購入していただくことで長期的に利益が確保でき，安定した経営ができる．このために「品質第一」の考え方が重要である．

(2) ○　顧客に満足していただくことで，製品の購入が継続される．

(3) ×　プロセス管理とは，プロセスに着目して管理・改善を行うことである．

(4) ○

(5) ×　製品やシステムを生み出す過程（プロセス）のなるべく源流の段階において品質やコストに関する不具合事項を予測し，その要因に是正・改善の措置を行う源流管理の考え方が重要である．

(6) ×　事実に基づき論理的に改善活動を行ったほうが，効率的・効果的になると考えられる．

(7) ×　自分のところだけ良ければよい，という考え方では全体が連携して良い品質のものを作ることは難しい．「後工程はお客様」の考え方で，部門間の風通しをよくして連携・協力することで，良い品質のものを作り，品質向上を継続できる体制ができる．

(8) ×　同じ製造条件でも，ばらつきを伴う．ばらつきの原因を追究してばらつきを小さくすることが品質管理の基本である．

(9) ○　対策の効果が確認できた後は，「標準化」により標準書，手順書，マニュアルなどを作成し，関係者に教育して改善効果を持続できるようにすることが大切である．

(10) ○

(11) ×　製造条件（点検項目），品質結果（管理項目）をグラフなどの図にすることも見える化である．グラフなどの図にすることで，ひと目で状況が把握でき，情報共有と意識付けができる．

Q2

(1) エ：事実に基づく管理

事実を示すものには，数値データ，言語データ，写真，記録などがある．

(2) カ：重点指向

全体の大部分を占めている少数の重要項目に絞って改善すると効率が良い．

(3) イ：品質第一

利益のみを追求して品質をおろそかにすると，顧客の満足が得られなくなり，長期的に利益を確保することが困難になる．

(4) ウ：プロセス重視

良い結果は良いプロセスによって実現される．

(5) オ：マーケットイン

マーケット（市場）の要望に合わせて製品を企画，設計することで，顧客に満足をしていただける良いものが提供できる．

(6) ク：SDCA

標準化（Standard），実施（Do），確認（Check），処置（Act）の流れである．

Q3

(1) イ：偶然原因

(2) ア：異常原因

(3) カ：標準化

良いやり方はマニュアルにして，関係者がそれを理解して継続できるようにすることで，良い状況を持続できる．

(4) オ：見える化

図，写真，ビデオなども見える化の手段の一つである．

(5) ク：後工程はお客様

全社的品質管理の実践に欠かせない考え方である．

(6) エ：再発防止

Q4

(1) ×　マーケットインとは，プロダクトアウト（生産者中心の考え方で，作る側の立場に立って生産した製品やサービスを市場に押し込んでいくこと）と対をなす言葉である．

(2) ○

(3) ×　顧客満足を得る一環として，企業でアフターサービスを充実していくことが必要である．

アフターサービスとは，商品が販売された後，商品のもつ機能を十分に発揮させるために，正しい使い方とメンテナンスの指導，未然に故障を防止する予防保全活動，不具合発生時の迅速な修理，磨耗部品の取り替えなどを行う活動のことをいう．アフターサービスは品質保証の一環として重要な活動であり，アフターサービスを通して顧客およびそのほかの利害関係者の信頼を獲得することもできる．

(4) ○

(5) × 製品やシステムを生み出す過程(プロセス)のなるべく源流の段階において品質やコストに関する不具合事項を予測し，その要因に是正・改善の措置を行う源流管理の考え方が重要である．

(6) × どの階層でも現場の確認の実施は重要である．

(7) × 一般に，ばらつきは，小さい方が望ましい．ばらつきが大きい場合には，不適合品（不良品）が発生する恐れがある．

(8) ○ 総務部門の福利，厚生業務などの良し悪しは設計部門などに影響を与えるので，設計部門などは総務部門のお客様と考えることができる．

(9) × 自分たちの工程のアウトプットは次の工程のインプットであり，自分たちの仕事の目的は次の工程を含めた後工程全体に喜んでもらえるようなものでなければならない．

このことから，社内であっても，後工程の人のことを「お客様」と考え，常に相手の立場に立って物を考え判断し行動することが大切である．

「顧客は，組織の内部又は外部のいずれでもあり得る」(JIS Q 9000)．

(10) ○

(11) ○

(12) ○

(13) ○

(14) × 企業が発展を続けるためにはその企業が，そこで働く人の人間性を尊重して従業員満足ESを向上し，その人たちにとって働きがいのある職場になっていることが重要である．

❷ 品質とは

2.1 品質の定義

品質はISO 9000（JIS Q 9000）で，「本来備わっている特性の集まりが，要求事項を満たす程度」と定義されている．

その中の特性とは「そのものを識別するための性質」である．また要求事項とは，「明示されている，通常暗黙のうちに了解されている，または義務として要求されているニーズもしくは期待」である．

2.2 要求品質と品質要素

要求品質は，買い手がこうあってほしいと希望している品質である．商品やサービスが売れるためには，買い手（お客様，消費者，使用者など）の要求ないしは期待に添う品質でなければならない．また，商品･サービスの品質とは，その使用目的を果たすために備えていなければならない性質のことをいい，商品の有用性を定める性質のことである．

品質要素とは重さ，強度，寸法，外観や，寿命や信頼性，故障率，摩耗度など長期間使用していると現れる性質や，使いやすさ，安全性などの状態，修理のしやすさなどもある．

品質特性とは，品質を構成する要素（特性）をいう．例えば，シャープペンシルの品質特性は，芯の硬さ，摩耗性などとなる．品質特性値とは，品質特性を数値で示したものである．計量値と計数値に分けることができる．品質特性の計数値とは，キズ，欠けなどのように，不良品の数や欠点数で考えるものである．また，品質特性の計量値とは，寸法，重量などのように，測定できるものである．

2.3 ねらいの品質とできばえの品質

(1) ねらいの品質（設計品質）

ねらいの品質（設計品質）とは，JIS Q 9025において「品質特性に対する品質目標」と定義されている．

これを理解するためには品質展開の考え方を知る必要がある．製品開発において，顧客ニーズは以下の手順で展開され，製品化される．

① 顧客ニーズを調査し，新製品の要求品質(製品の品質に対する要求事項)を立案する（製品企画）．

② 次に，要求品質を具体的な品質特性（2.4節参照）に展開し，さらに個々の構成部品の品質特性に展開していく（製品設計）．

③ 並行して工程要素に展開（工程設計）する．

④ ③の後，ねらった品質特性を満足するように実際の製造を行う．

これらの製品開発ステップにおいて，①ステップの，要求品質に対する品質目標が企画品質であり，②，③の，品質特性に対する品質目標が設計品質である．そして，④ステップにおいて，実際に製造した製品のできばえが製造品質である．

したがって，できあがった製品から見た設計品質とは，「製造の目的としてねらった品質（ねらいの品質）」ともいえる．

(2) できばえの品質（製造品質）

できばえの品質（製造品質）とは，設計品質をねらって製造した製品の実際の品質のことで，適合の品質ともいう．

一方，サービスの品質とは，顧客に提供されるサービスの顧客要求に対する適合度，およびサービス提供プロセスの顧客要求に対する適合度のことである．サービスの品質はその性質上，プロセスの良し悪しが特に重要である．また，製品の品質について，品物の品質をハードの品質とすれば，サービスの品質をソフトの品質ということもでき，2つの側面があるといえる．

2.4 品質特性，代用特性

品質特性とは，ISO 9000（JIS Q 9000）において「要求事項に関連する，製品，プロセス又はシステムに本来備わっている特性」と定義されている．一方，要求事項とは「(顧客から）明示されたり，暗黙のうちに了解されたり，または義務として要求されているニーズ，もしくは期待」であるため，顧客ニーズに対応した製品特性と理解できる．

製造にあたっては，通常この品質特性を測定可能で品質規格や仕様書などで規定されるような特性である代用特性に置き換えることが多い．なお製品に対する顧客のニーズを企業の中で具体的な活動に展開するために，少しブレークダウンした用語に変換したものを品質要素ということもある．

（例）システムの性能を得るために規定した構成部品の諸元

なお，品質工学では，「システムの機能を確保するために必要とされ，仕様で規定される特性」としている．

2.5 当たり前品質と魅力的品質

当たり前品質とは，物理的な性質が満たされていれば当たり前で，不十分であると不満を感じる品質をいう．製品・サービスの基本的品質のことである．また，物理的な性能が多少悪くてもあまり不満を感じないが，品質が良いと満足するような特性を魅力的品質という．これらの関係を図 2.1 に示した．これは狩野モデルと呼ばれている．

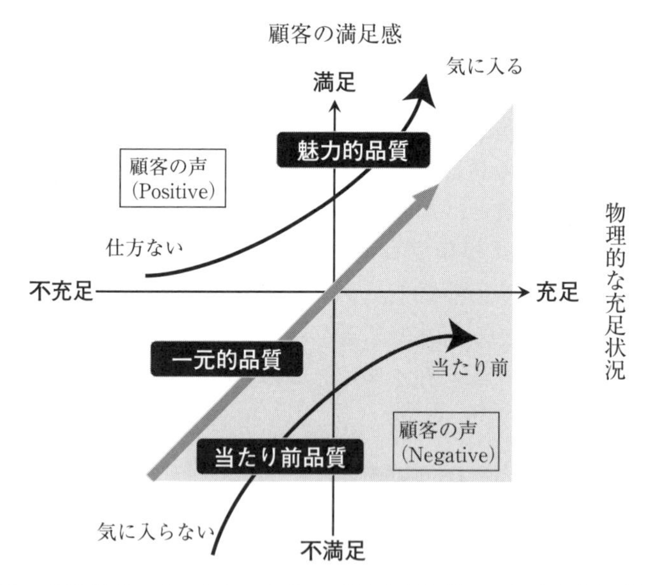

出典：狩野紀昭，瀬楽信彦，高橋文夫，辻新一：「魅力的品質と当り前品質」，『品質』，Vol.14，No.2，p.41，図.1(b)，日本品質管理学会，1984 年をもとに作成．

図 2.1　魅力(的)品質・当たり前品質（狩野モデル）

2.6 サービスの品質，仕事の品質

(1) サービスの品質

商品を購入してもすぐに使えない場合もある．パソコンなどもその一例である．パソコン本体のほかにソフトウェアといわれるプログラムが必要である．このソフトウェアの品質が良くないとお客様は満足しない．最近の商品の中には使用説明書がないと，うまく使えないものが増加している．商品とサービスの品質が高くないとお客様に満足していただけない．品質管理では単に商品の品質だけを対象とするのではなく，サービスの品質も重視している．

(2) 仕事の品質

どのようなことでも，結果の良し悪しを考える場合には，ねらいが良いか，ねらいどおりかという2つの面に分けてみるとよい．計画の良さ（Quality of Design），適合の良さ（Quality of Conformance）と呼ばれているものである．これより品質とは，必ずしも商品・サービスについてだけでなく，広く仕事の良さに対しても用いられる．仕事の仕組み，仕事のやり方は良いか，仕事の結果は良いか，と考えることが大切である．

2.7 社会的品質

社会的品質として，社会的な観点からも品質を考える必要がある．顧客には，顧客（買う人）と使用者（実際に使う人）があり，両者のことを考えることが大切である．また，第三者のことも考慮する．社会的品質が高い製品を作るには，製品が作られ，使われ，廃棄されるときに影響を受けることを考えて，製品・サービスを企画・開発しなければならない．

2.8 顧客満足(CS)，顧客価値

顧客満足とは，顧客に満足できる条件を提供しているかどうかを総合的に判断する概念である．顧客価値とは企業が顧客に対して提供する製品やサービス，人材の価値のことをいう．

例えば，27インチディスプレイが付いたデスクトップPC，とても安価なノートPC，軽くて見やすいタブレットPCの中で，どちらの商品の質が良いと

いえるだろうか．この質問に関して，これは品種の違いであり，品質の良い悪いではない．27インチディスプレイが付いたデスクトップPCを必要としていないスペースを優先する人は，コンパクトなPCを望んでいる．品質の良し悪しは顧客の満足度で決まる．提供側が決めるのではなく，高級感と高品質は別のことである．コンプライアンスに違反しない限り，品質が良いとお客様に満足されるものである．

演習問題

Q1 次の文章で，正しいものに○，正しくないものに × を解答欄にマークせよ．

① 技術や製造部門で品質が論じられるときは，製品の性質の違いを示す尺度である品質特性が用いられることが多い． [(1)]

② 要求事項に関連する，製品，プロセスまたはシステムに本来備わっている特性のことを品質目標という． [(2)]

③ 顧客満足を実現するためには，製品規格に使用者の要求を十分に反映させることが重要であり，その反映度を示した品質が製造品質である． [(3)]

④ 製品に対する顧客のニーズを企業の中で具体的な活動に展開するために，少しブレークダウンした用語に変換したものを品質要素という． [(4)]

⑤ ロットまたは工程の合格率や不適合品率で表わされる品質は，設計品質である． [(5)]

Q2 次の文章において，[ ] 内に入るもっとも適切なものを選択肢から1つ選び，その記号を解答欄にマークせよ．

① ISO 9000で，「本来備わっている特性の集まりが，要求事項を満たす程度」と定義されているのは [(1)] である．

② ISO 9000で，「要求事項に関連する，製品，プロセス又はシステムに本来備わっている特性」と定義されているのは [(2)] である．

③　製造段階で責任を持つべき品質は [(3)] 品質である．

④　製造にあたっては，通常品質特性を計測可能で品質規格や仕様書などで規定されるような [(4)] に置き換えることが行われる．

⑤　ISO 9000 で，「明示されている，通常，暗黙のうちに了解されている若しくは義務として要求されている，ニーズ又は期待」と定義されているのは [(5)] である．

【選択肢】

ア．品質特性	イ．品質要素	ウ．要求事項	エ．特性
オ．設計	カ．製造	キ．品質機能展開	ク．代用特性
ケ．品質	コ．顧客満足		

解答と解説

Q1

(1)　○

(2)　×　これは品質特性のことである．なお，品質目標とは企業の品質方針に基づき，達成すべき目標を明らかにしたもののことである．

(3)　×　これは設計品質である．設計品質を定めるために，品質機能展開という手法を用いることが多い．

(4)　○

(5)　×　これは製造品質である．製造品質は製造段階で責任を持つべき品質といえる．

Q2

(1)　ケ：品質

(2)　ア：品質特性

品質特性とは，寸法，強度など生産用の特性であり，製品の仕様の中で規定されることが多い．

(3)　カ：製造

(4)　ク：代用特性

品質特性は官能特性で表わされることも多く，この場合，製造にあたって，計測可能な代用特性に置き換えることが多い．

(5)　ウ：要求事項

要求事項に関連して，製品要求事項，品質マネジメント要求事項，顧客要求事項，規定要求事項などの用語もよく使われる．

③ 管理の方法

3.1 維持と管理

(1) 維持活動と改善活動

品質を継続的に改善するためには，品質水準を現状打破（改善）する活動と，改善した状態を維持する活動とが交互に行われる．前者は改善（改革・現状打破）活動と呼ばれ，おもに方針管理を通して行われる．一方，後者は維持活動と呼ばれ，おもに日常管理を通して行われる（図 3.1）．

1）日常管理

日常管理とは，組織の各部門が日々行うべき分掌業務について，その業務目的を効率的に達成するために日常実施するすべての活動である．

その対象は，日々行うべき定型業務（routine work）だけでなく，非定型業務を含む業務全体に対して行うものであり，方針管理から各部門に展開された業務も，日常管理の対象とされる場合もある．また，現状レベルを維持する活動が基本であるが，さらに好ましい状態へ改善（日常改善）する活動も含まれる．

ここでは，日常管理＝部門別管理と考えてよいだろう．部門別管理といった

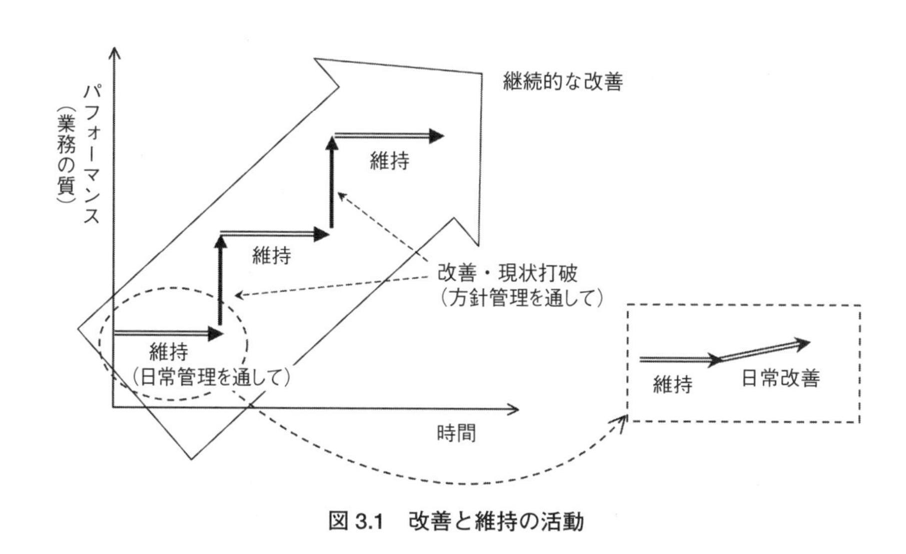

図 3.1　改善と維持の活動

ほうがその内容がわかりやすいかもしれないが，TQC 推進の運動論の立場からいえば日常管理のほうがなじみやすいという理由でこの用語が使われる．

また，業務とは，前工程より物（または情報など）を受け取り，何らかの加工（確認も含む）を加えて，次工程に引き渡し，後工程で役立つものをいう．

さらに，効率的とは，業務を処理するのに要する物・人・金のそれらの最小値に近い程度をいう．

日常管理の定義を実現するために，品質並びに管理の考え方を導入することが TQC 的な日常管理の進め方である．

分掌業務は，機能別管理における部門間の連携についての検討，あるいは方針管理における方針の実施計画への展開の過程で追加，変更，削除されることがある．

日常業務の具体的手順を次に示す．

計画（P）

① それぞれの部門の分掌業務が何であるかを確認する（正式には業務分掌規程で与えられているはず）．特にいかなる入力を得て，どのような出力を出すのかをはっきりさせる．

② それぞれの分掌業務の目的が何であるかを明確にする．

③ その目的の達成度合いをはかる尺度としての管理項目並びにその管理水準（目標）を明らかにする．また，チェックのサイクルも決めておく．

④ その目的を達成するための手順を明らかにする．このためには，フローチャート，マニュアル（規程，標準書，要領など），帳票を明確にする必要があろう．また，QC 工程図のようなもので要点をまとめることも必要となろう．これらの手順を記述したマニュアルの冒頭には，これらの手順を実施する前に満たさなければならない要件，例えば従事者の資格又は必要な教育・訓練，部品又は材料（部材）の満たすべき要件，設備，計測器のメンテナンスについてもあらかじめ定められていなければならない．

実行（D）

⑤ ④で規定された従事者，部材，設備，計測器についての要件を満たす活動．

⑥ ④で規定された手順に従って実施．

チェック（C）

⑦ ⑥の結果を③で規定された管理項目で把握し管理図または管理グラフ

に記入．

⑧　③で規定された管理水準内にあれば⑥に戻る．

処置（A）

⑨　もし管理水準から外れていれば，しかるべき応急処置をとるとともに，その原因を究明する．管理項目，管理水準または手順そのものに問題があれば③または④に戻り，手順の修正を行う．また，実施段階に問題があれば⑤あるいは⑥に戻り，しかるべき対策を打つ．

⑩　特に重要な管理項目については月次（または四半期あるいは半期）ごとに上記の管理状況を月報などの形で把握し，特に慢性問題についての改善活動を計画的に推進する[9]．

2）問題点の捉え方

問題とは，あるべき姿（望ましい状態）と現状との差のことである．また，あるべき姿に到達することが，どの程度の難易度かによって，処置の仕方が変わってくる．したがって，あるべき姿としての目標値や達成基準と，現状の実態を常に見える状態にしておくことが重要である．

（2）管理項目と点検項目

業務が，あるべき姿をめざしてうまく進んでいるかどうかを判断するためには，評価尺度を選定し，業務の節目ごとにチェックポイント（管理点）を設けて，定期的に評価尺度を観察していくことが重要である．管理とは，PDCAの管理のサイクルを回すことなので，評価尺度は計画（P）の段階から用意しておく必要がある．評価尺度には，通常，以下の2種類が用意される．

①　管理項目：目標達成を管理するために，業務の結果・できばえを見て判断する項目である．不適合品率や稼働率，納期遵守率などがこれにあたる．

②　点検項目：結果・できばえを作り出す原因に目を向けて，原因の一つひとつを点検していく項目である．管理項目を製品の不適合品率とした場合の点検項目には，作業ミス件数や作業環境のばらつき，原材料のばらつきなどがある．

管理点や管理項目・点検項目は，グラフやチェックシートを使って常に見える状態にしておくことが重要である．

3.2 PDCA，SDCA，PDCAS

管理とは，JIS Z 8141で，「経営目的に沿って，人，物，金，情報などさまざまな資源を最適に計画し，運用し，統制する手続き及びその活動」と定義され，これを計画（Plan），実施（Do），確認（Check），処置（Act）の4つのステップに分け，これらを繰り返すPDCAのサイクル（管理のサイクル）を回わすことが前提となる．なお，計画（Plan）の段階で，すでに標準化（Standard）がなされている場合はSで始まるのでSDCA，また処置（Act）の後の段階では標準化（Standard）を行うことが重要であり，この場合はPDCASということもある．

3.3 継続的改善

継続的改善は，次のように定められている．

ISO 9000（JIS Q 9000）に，「要求事項を満たす能力を高めるために繰り返し行われる活動．注記：改善のための目標を設定し，改善の機会を見出すプロセスは，監査所見及び監査結論の利用，データの分析，マネジメントレビュー又は他の方法を活用した継続的なプロセスであり，一般に是正処置又は予防処置につながる」

JIS Q 9024に，「問題又は課題を特定し，問題解決又は課題達成を繰り返し行う改善」

JIS Q 14001に，「組織の環境方針に沿って全体的な環境パフォーマンスの改善を達成するための環境マネジメントシステムを向上させるプロセス．備考：このプロセスはすべての活動分野で同時に進める必要はない」

OHSAS 18001に，「組織（事業場／事業者）の労働安全衛生方針に沿って，全体的な労働安全衛生パフォーマンスの改善を達成するための労働安全衛生マネジメントシステムを向上させるプロセス．備考：このプロセスはすべての活動分野で同時に進める必要はない」

3.4 問題と課題

問題と課題は，JIS Q 9024：2003において以下のように定義されている，

問題とは，「設定してある目標と現実との，対策して克服する必要のあるギ

ャップ」である．「問題ない（No Problem!）」ということ自体が問題である」という言い方もある．

課題とは，「設定しようとする目標と現実との，対処を必要とするギャップ」である（参考：課題は，方針においては，重要課題，重点実施事項，重要実施事項，挑戦課題などと呼ばれることがある）．

問題解決と課題達成の違いについては，図 3.2 を参照されたい．

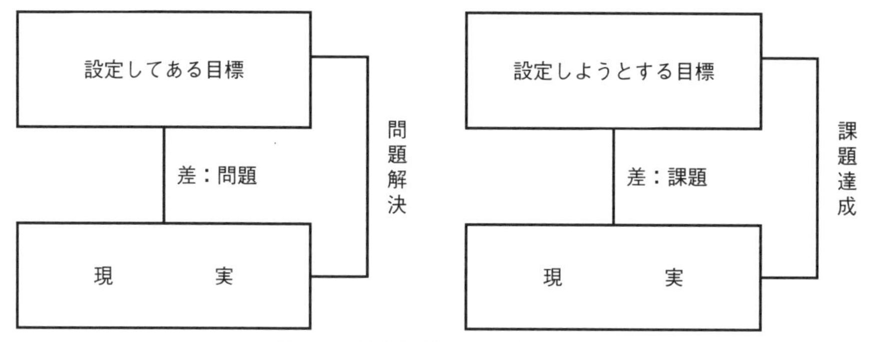

図 3.2　問題解決と課題達成の違い

3.5 問題解決型 QC ストーリー

(1)　問題解決型 QC ストーリーの進め方

QC ストーリーとは，問題解決や課題達成のためのデータに基づく実証的な推進手順のことで，QC 的問題解決法とも呼ばれる．

もともとは，過去の問題解決事例をほかの人にわかりやすく説明するために，筋道を立てて成果をまとめるよう工夫した，報告書の作成手順であったので，QC ストーリーと呼ばれる．しかし，問題を実際に解決していく進め方としても非常に有効であることが確認されたため，現在は，QC 的問題解決法として広く提唱されている．

QC ストーリーには様々な手順が提唱されているが，基本となるものは下記に基づく問題解決型のアプローチである．

手順 1　テーマの選定
手順 2　現状の把握と目標の設定
手順 3　要因の解析
手順 4　対策の検討
手順 5　対策の実施
手順 6　効果の確認
手順 7　標準化と管理の定着（歯止め）
手順 8　反省と今後の課題

問題解決にあたってもっとも重要な点は手順を守ることである．現状把握だけで，要因解析を省略して対策検討を行っても，真の原因に対処したとは言えない．また，事前に活動の計画を立てておき，遵守することも大切である．

(2) QC 的問題解決型ステップと各ステップの留意事項

問題とは，あるべき姿（望ましい状態）と現状との差のことである．あるべき姿には，現時点で本来あるべき状態と，将来においてありたい状態がある．

前者と現状との差を狭義の問題といい，これを解決する活動は「問題解決」と呼ばれる．一方，後者は将来への課題であり，これに到達させる活動を「課題達成」と呼んで区別している．

問題解決をする際の基本となる手順が「問題解決型の手順」(表 3.1)であり，従来「QC 的問題解決法」などとも呼ばれる．代表的な問題解決型の手順は，次のようになっており，「要因の解析」で要因を洗い出し，重要要因を選定し，重要要因の検証により，真因（悪さをしている原因）を追究する，というのが

表 3.1　問題解決型の手順

	基本手順	おもな実施項目
手順 1	テーマの選定	・事実に基づいて問題点をつかむ ・テーマを決める
手順 2	現状の把握と目標の設定	現状把握・さまざまな角度から事実を確認する（層別） ・攻撃対象とする特性値を決める 目標設定・達成目標と期限を決める ・実施項目と役割分担を決める
手順 3	要因の解析	・特性値の現状を調べ，要因を追究する ・要因を検証し，対策する項目を決める
手順 4	対策の検討	・対策案を出して具現化を検討する ・対策内容や実施方法を検討する
手順 5	対策の実施	・実施方法を検討する ・対策を実施する
手順 6	効果の確認	・特性値が目標を達成したかどうか確認する ・改善効果（成果）をつかむ
手順 7	標準化と管理の定着（歯止め）	標準化・再発防止をはかり，標準を改訂する ・管理の方法を決める 歯止め・関係者に周知徹底をはかる ・担当者を教育する ・維持されていることを確認する
手順 8	反省と今後の課題	活動全体を通して，良かったこと悪かったことを反省して，今後の活動につなげていく

最大のポイントである．また，「活動計画の作成」を手順に加えることもある．

3.6 課題達成型 QC ストーリー

経験していない新しい仕事とか，従来からの仕事のやり方にとらわれずに，新たな方策（アイデア）を追究して，現状の水準を大幅に改善するなどのテーマに有効な手順である．代表的な課題達成型の手順を次に示す（表 3.2）．

課題達成型の手順を適用するにあたっての主な留意点は，次のとおりである．

1) 問題解決型の手順で解決すべきテーマに対しては，安易に課題達成の手

表 3.2 課題達成型の手順

	基本手順	おもな実施項目
手順 1	テーマの選定	・職場の課題などを洗い出す ・革新的なテーマを選ぶ
手順 2	攻め所と目標の設定	攻め所の設定 ・ありたい姿と現状の差を明確化する ・どこに重点をおくか着眼点を決める 目標設定・達成目標と期限を決める ・到達したい状態を具体化する
手順 3	方策の立案	・創造的に思考する ・目標達成できそうな方策案（アイデア）をできるだけ多く出す ・抽出された方策を期待効果で評価する
手順 4	成功シナリオの追究	・方策を実現させる具体的な方法（成功シナリオ）を検討する ・期待効果を予測する ・実施上の障害や悪影響を確認する
手順 5	成功シナリオの実施	・最適方策について手順を明確にする ・実行計画を立てて実施する
手順 6	効果の確認	・当初ねらった目標を達成したか確認する ・成果をつかむ
手順 7	標準化と管理の定着（歯止め）	標準化・標準を改訂する ・管理の方法を決める 歯止め・関係者に周知徹底する ・担当者を教育する ・維持されていることを確認する
手順 8	反省と今後の課題	活動全体を通して，良かったこと悪かったことを反省して，今後の活動につなげていく

順を適用しないこと．課題達成の手順は，問題解決型の手順にとって替わるものではない．

2) 一般的に使われている課題という言葉とQCストーリーにおける「課題」では意味が異なる．したがって，問題解決活動と課題達成活動の両者の特徴(意味，性格)を正しくつかんだうえで適用すること．

3) 現状の実態を正しく把握せずに，安易にテーマやその目標を設定することはよくない．これは問題解決活動でも同じことがいえる．

4) 課題達成型の手順は，問題解決型の手順と同様に固有技術を駆使し，特に“攻め所”においては，目標を達成できるような期待効果の大きい多くの創造的な方策（アイデア）の発想が必要である．

5) 小改善は問題解決型の手順で，大改善は課題達成型の手順を適用するということではない．問題・課題は，目標値の小・大で決まるものではない．

大改善であっても，「悪さ加減をつかむ（悪さの排除，なぜなぜ追究)」から入る場合は問題解決型の手順で，小改善であっても「良さ加減を求める（良さの追究，方策案（アイデア）追究)」や「発想を変えた新たな仕事のやり方の創出」から入る場合は課題達成型の手順を適用すること．

6) 手順2の「攻め所と目標の設定」のとき，いろいろな角度から，ありたい姿の設定と現在の姿を把握し，そのギャップを明確にして，どこを重点にして方策案(アイデア)を検討していくか“攻め所”(着眼点)を決めるが，この“攻め所”を明確にしたうえでアイデアを出さないとピント（的）外れのアイデアが出て効果が薄くなる恐れがある．

課題達成の成否は，この“攻め所”（着眼点）の作り出しのプロセスにあるといえる．

演習問題

Q1 **次の文章で，正しいものに○，正しくないものに × を解答欄にマークせよ．**

① 問題解決や課題達成などの活動を行う際，筋道を立てて成果をまとめ，他の人にわかりやすく説明するために工夫された改善活動およびその報告の手順をQCストーリーという． (1)

② 問題とは「あるべき姿や目標と現状との差(ギャップ)」のことをいう．

(2)

③　職場には問題が少なく，正しく機能しているので問題解決活動はしなくてもよい．(3)

④　問題を発見するためには，過去・現在の状況を事実でつかむことが大切である．(4)

⑤　問題解決の手順は，問題を合理的・科学的・効率的・効果的に解決するために用意されている手順であり，より効率化をはかるために,「現状の把握」を省略して問題解決してもよい．(5)

⑥　1つの問題に対して，その真因は1つとは限らない．(6)

⑦　「問題解決型の手順」は，問題解決の基本となる大切な解決法であるので，よく勉強し実践することが大切である．(7)

⑧　「課題達成型の手順」は要因解析がないため，どのような問題にも有効な問題解決の手順である．(8)

⑨　問題解決を実施していくのは，職場の問題を解決し，会社に貢献することであるから，QC手法などは使わずに，スピード重視で少しでも早く解決すべきである．(9)

Q2　**次の文章において，［　　］内に入るもっとも適切なものを選択肢から1つ選び，その記号を解答欄にマークせよ．**

①　手順1　テーマの選定

・なぜ，その問題を解決しなければならないのか？　その根拠や背景，理由を (1) に基づいて明確にする．

②　手順2　現状の把握と目標の設定

・選定されたテーマ（結果系）に対して，そのテーマの悪さ加減，すなわち「結果系の状況やばらつき具合など」をさまざまな角度（時系列でみる，機種別にみる，場所別にみるなど）から事実（データ）に基づいて，どのように悪いのか？　どのようなばらつき方をしているのか？これらの特徴，クセ，傾向，周期性，特異点，他の物との相違点やギャップなどを見つけ出し，(2) を見つけ出す．

・目標とは，改善の効果がどの水準まで達成されなければならないのかを示すものである．目標値は，問題解決活動の評価基準を示すものであるから，わかりやすく具体的に表現し，可能な限り (3) で示すとよい．

③　手順３　要因の解析

・「結果がばらつくのは原因がばらついているから」であると考え，結果と同じ動き（特徴，クセなど）をしている ［(4)］ を追究する．

・［(5)］ して真の原因を確信する．

④　手順４　対策の検討

・「要因の解析」で明らかになった真の原因に対する ［(6)］ を立案し，対策内容や実施方法を検討する．

⑤　手順５　対策の実施

・手順４で検討し選定された ［(6)］ を実施する．

⑥　手順６　効果の確認

・対策を実施する前と後でテーマとして取り上げた特性値（結果）が，どのように変わったかを調べることである．

・効果はできるだけ数値でとらえ，［(7)］ と比較して改善効果が目標を達成したかどうかを確認する．

⑦　手順７　標準化と管理の定着

・再び同じ問題が起こらないよう，従来の仕事の方法や仕組みを変更し，効果の認められた対策は ［(8)］ する．

・正しい管理方法を関係者に ［(9)］ をはかる．

⑧　手順８　反省と今後の課題

・活動全体を通して，良かったこと悪かったことを反省して，今後の活動につなげていく．

【選択肢】

ア．数値　イ．要因　ウ．事実（データ）　エ．目標値　オ．周知徹底
カ．対策　キ．標準化　ク．具体的攻撃対象（管理特性）　ケ．検証

Q3 次の文章で，正しいものに○，正しくないものに × を解答欄にマークせよ．

①　テーマ名には，具体的な対策内容を明記したほうがわかりやすくてよい．［(1)］

②　現状の把握では，名称のとおり現時点だけの状況を把握すればよ

い．［ (2) ］

③ 目標の設定では，何を（管理特性），いつまでに（期限），どれだけ（目標値）を具体的にする必要がある．［ (3) ］

④ 要因の解析における検証とは，要因と管理特性との関係を解析することである．［ (4) ］

⑤ 対策の検討を実施する際には，他への影響（デメリット・リスク）なども考慮しなければならない．［ (5) ］

⑥ 効果の確認における効果には有形の効果と無形の効果があるが，有形の効果を十分に確認できた場合は，無形の効果は無視してもよい．［ (6) ］

⑦ JIS Q 9000では，継続的改善は，「要求事項を満たす能力を高めるために繰り返し行われる活動」と定義されている．［ (7) ］

解答と解説

Q1

(1) ○ QCストーリーは，スタッフやQCサークルの改善活動の発表でよく使用される．

(2) ○

(3) × 職場には解決すべき問題がたくさんある．問題に気づく能力，問題を形成できる能力を高め，少しでもあるべき姿に近づこうとする努力が必要である．したがって，職場での問題が少ないからといって，問題解決活動をしなくてよいのではなく，Q（品質）・C（コスト）・D（納期，数量）・S（安全）・M（士気）・E（環境）などでの問題をしっかりと見極め，重点指向で問題解決していくことが大切である．

(4) ○ 事実をつかまえるためには，現場・現物をよく見ることが基本であり，見た事実は，正しく表現しなければならない．見える物であれば，写真撮影やビデオで伝えることができるが，見えない物については事実をデータで語らせるとよい．データには，言語データ（言葉で表現するデータ）と数値データとがある．これらのデータが語ってくれている事実を確実につかむために，QC手法を活用するとよい．

(5) × 「問題解決の手順は，問題を合理的・科学的・効率的・効果的に解決するために用意されている手順である」というのは正しい．しかし，「効率化をはかるために，『現状の把握』を省略して問題解決した」というのは好ましくない．「現状の把握」をしっかり実施することにより，現在の問題をしっかりと把握し，問題解決に取り組まなければならない．

・「合理的に」…物事の進め方にムダがなく能率的に行うこと
・「科学的に」…事実そのものに裏づけされていること
・「効率的に」…少ない労力で行うこと
・「効果的に」…多くの効果があがること

(6) ○　1つの問題に対し，悪さをしている真因（真の原因）が1つであるケースもあるが，複数の真因が存在しているケースも多い．よって，あらかじめ想定していた要因（原因のこと，すなわち悪さをしていると思われる容疑者のこと）だけに的を絞って検証するのではなく，仮説としてあげられた要因に対し，科学的に検証し，真因を明確にすることが，ムダな対策を打たないためにも重要なことである．

(7) ○「問題解決型の手順」は，職場の重要問題，慢性的な問題，突発的な問題で，その原因がよくわからないというケースなどに有効である．問題解決の基本となる大切な解決法であり，「QC 的問題解決法」などとも呼ばれる．よって，「問題解決の手順」については，よく勉強し，実践を重ねることにより十分マスターしておくことが重要である．

(8) ×「課題達成型の手順」は，発想の転換をはかり，新たな方策や手段を追究し，解決する方法を創出するときに有効な手順である．したがって，どのような問題にも有効というのは誤りであり，新規業務や発想を変えての現状打破のテーマに適している．

(9) ×　問題解決のスピードを考慮することは良いことであるが，QC 手法などを活用せずに問題解決に当たったのでは，科学的なアプローチでの問題解決ができなくなってしまう．問題解決型の手順とともに QC 手法についてもよく学び，実践で活用することが大切である．

Q2

(1) ウ：事実（データ）　(2) ク：具体的攻撃対象（管理特性）
(3) ア：数値　(4) イ：要因　(5) ケ：検証　(6) カ：対策
(7) エ：目標値　(8) キ：標準化　(9) オ：周知徹底

Q3

(1) ×　テーマ名はなるべく結果の「悪さ退治」の表現とする．問題解決型の手順では「なぜ？なぜ？」で原因をしっかり追究するところに大きな特徴があるので，テーマ名を見ただけでどの範囲（対象）の，何（具体的攻撃対象：管理特性）を，どうしたい（レベル）のかがわかるほうがよい．

良い例：○○工程における組み付け不適合品率の削減

悪い例：○○工程における組み付け作業方法の改善

対策内容をテーマ名にしてしまうと，①対策に関連する現状把握や要因解析となってしまい，限られた範囲での調査・解析になってしまう，②アイデア先行となりやすい，などの欠点がある．

(2) ×　現状の把握というと，現時点だけと思うかもしれないが，テーマに対する事実を正確につかんで，今後の解析に活かすためには，過去から現在に至るまでの状態をつかむことが大切である．

(3) ○　目標の設定では，次の目標の3つの条件を具体的に表現する．

- 何を（管理特性）……何をよくしたいのか
- いつまでに（期限）……完了をいつにするのか
- どれだけ（目標値）……改善の程度はどの位にするのか

(4) ○　要因の解析でもっとも重要なことは，要因と管理特性との関係（要因が管理特性へ影響を与えているかどうか）を解析し，真の原因を追究することにある．

イメージで示すと図3.3のようになる．要因をいくつかの水準に振ることにより，管理特性への影響の有無を確認する．このことを検証という．この検証を実施することにより，管理特性に影響を与えている要因を明確にし，根本的な原因まで追究していくことが要因の解析である．

特性要因図などで絞り込んだ要因が，本当の真因であるかどうかを確認することが大切である．

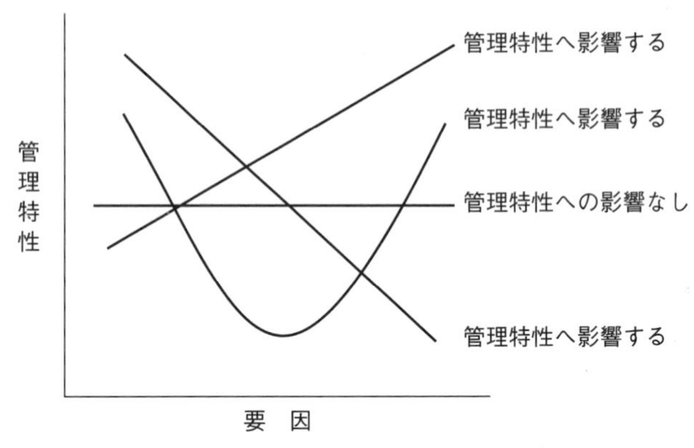

図 3.3　要因と管理特性との関係

(5) ○　対策の検討時には，効果を考慮することはもちろんであるが，実現性，経済性などとともに，他への影響も考慮しておく必要がある．テーマの管理特性がたとえ良くなっても，他の面で大きな問題が生じてしまっては大変なことになってしまうからである．

(6) ×　無形の効果には，問題解決のテーマを実施したことによる，①サークルの成長，②個人の成長（固有技術の向上，QC 七つ道具のマスターなど）などがある．このような無形の効果についても，把握しておくことによって，自分たちの成長状況を確認することができる．

(7)　○

④ 品質保証：新製品開発

品質保証とは，要求品質事項が満たされているという確信を与えることに焦点を合わせた品質マネジメントシステムの一部のことをいう．具体的には，生産者が顧客の要求する品質（要求品質）が完全に満たされていることを保証するために行う品質管理の仕組みと活動である．

品質保証のための活動要素は大きく分けると，「ねらいの品質」を確実にするための「新製品開発管理」と，「できばえの品質（製造品質）」を確実にするための「プロセス保証」の２つに分けて考えることができる．

新製品開発管理は，顧客ニーズの把握，ネック技術の明確化と解決，トラブル予測とデザインレビューなど，新製品・新サービスの開発を効果的・効率的に行うための体系的な取組みである．

「できばえの品質（製造品質）」を確実にするためには，ねらいどおりの製品・サービスを継続的に生み出す能力をもったプロセスを作り上げることが重要である．

4.1 結果の保証とプロセスによる保証

結果による保証とは，結果である製品を検査することで保証することをいう．

検査は製品・サービスを何らかの方法で測定した結果を判定基準として，個々の製品・サービスの良・不良またはロットの合格・不合格を下すことである．全製品を検査して保証することは不可能であり，経済的ではない．

プロセスによる保証（プロセス保証）とは，決められた手順・やり方どおり行えば，プロセスの結果が目的どおりになるように，人材，材料，機械，作業方法，設備，作業手順の設定などを規定し，そのとおりに実践し，必要に応じて処置をとる一連の活動を指す．すなわち，プロセス保証とは，そのとおり行えば，ねらいとする製品・サービスが得られるようなプロセスを確立することによって経済的にできばえの品質（製造品質）を保証する活動である．

プロセスそのものが確実に決められたとおりに実践されるようにすると，プロセスのアウトプットである製品の品質，サービスの質を経済的に保証することができる．これがプロセス保証の考え方である．

4.2 保証と補償

保証とは，間違いがない，大丈夫であると認め，責任をもつことである．

メーカーがユーザーに品質を保証するためには，次の2つの体系的活動が必要となる．

① メーカーがユーザーに，信頼感を積極的にしかも自信をもって与えることができるようにするための体系的活動

② 万一，使用の段階でトラブルが生じ，そのトラブルが，メーカー責任であった場合に，速やかに補償を行うとともに再発防止を講じるための体系的活動

保証は，テレビを購入して保証期間が1年あるというときなどに使用する．

補償とは，損害の填補，特に適法行為によって加えられた財産上の損失を補うために交付される金銭のことである．

「補償」には，「損失を穴埋めすること」「損害賠償として損失を金銭でつぐなうこと」という意味がある．

補償は，交通事故で怪我をし，相手方に休業補償を請求するときなどに使用する．

4.3 品質保証体系図

新製品開発管理（またはプロセス保証）を確実にするためには，企業・組織の全部門がそれぞれの役割を明確にし，相互に密接に連携しなければならない．

品質保証体系図とは，品質保証体系を図示したもので，全社レベルで商品企画から，開発（設計，試作，試験を含む），量産（生産準備，購買，生産試作，量産試作，生産を含む），販売・サービスの各ステップで，品質保証のための諸活動とその順序，各ステップにおける活動の責任部署・担当部門など（各活動の実施に関わる関連標準類や帳票類が示されることもある）を図示したものである（図 4.1）．

すなわち，品質保証体系図によって，全社レベルで，品質保証のために，いつ（When：どの段階で），誰が（Who：どの部門が），何を（What：どの活動を），どのように（How：どの手順に従って），なぜ（Why：どの基準に基

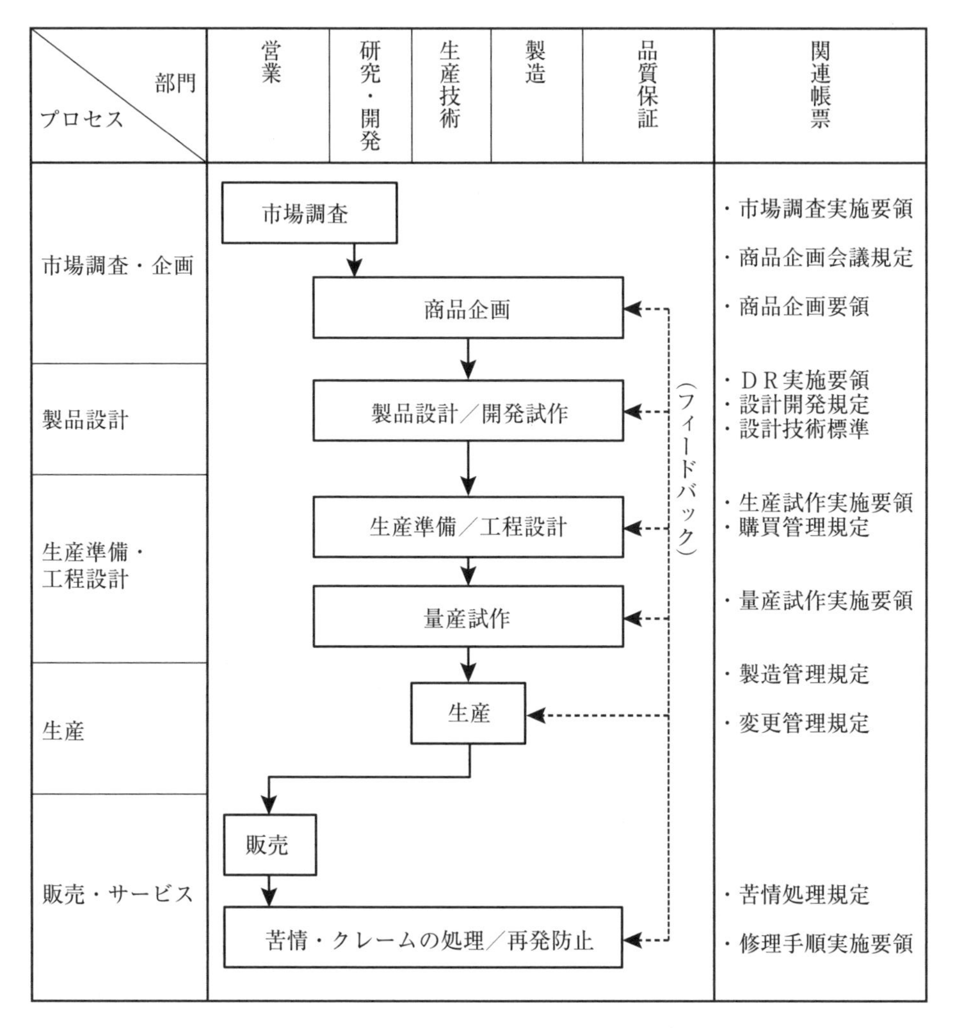

図 4.1　品質保証体系図の例（簡略記載）

づいて）が示され，各部の役割が明確になり，品質保証という組織的な活動を効果的に行うことができるようになる．

4.4 品質機能展開(QFD)

品質機能展開（QFD）とは，「製品に対する品質目標を実現するために，さ

まざまな変換及び展開を用いる方法論」である．（JIS Q 9025）

顧客・市場のニーズは日常用語によって表現されるものが少なくなく，これを設計者や技術者の言葉である工学的特性に置き換える必要がある．このプロセスを展開表（系統図を表の形にしたもの）・二元表（関連の強さを◎，○，△などで示したもの）を組み合わせて目に見える形にしたものが品質機能展開である．

品質機能展開（QFD）を構成する各種展開には，品質展開，技術展開，コスト展開，信頼性展開及び業務機能展開がある．

4.5 DR とトラブル予測，FMEA，FTA

DR（デザインレビュー）とは，「信頼性能力，保全性能力，保全支援能力要求，合目的性，可能な改良点の識別などの諸事項に影響する可能性がある要求事項及び設計中の不具合を検出・修正する目的で行われる．現存又は提案された設計に対する公式，かつ，独立の審査.」（JIS Z 8115）

DR は設計審査と訳され，設計にインプットすべきユーザーニーズや設計仕様などの要求事項が設計のアウトプットに漏れなく織り込まれ，品質目標を達成できるかどうかについて審議することをいう．

DR の場には，設計部門だけでなく営業，製造など関連する他部門の代表者（専門家）が参加する．

DR は製品設計プロセスに沿って，概念設計，基本設計，詳細設計，試作・実験などの各段階で実施される．

製品設計ではこれまでの設計技術を流用するケース，それらを改良するケース，新たな設計を行うケースなどがあり，その過程でさまざまなトラブルが発生する．これらのトラブルを防止するためには，過去の製品設計での失敗事例を広範囲に収集・分析・整理して繰り返し発生している典型的な失敗のパターンを見つけ，これを用いてトラブルを予測し，未然防止につなげることが重要である．

トラブル予測と未然防止を進めるためには，

① DR の実施（FMEA や FTA の活用を含む）

② 信頼性試験と信頼性・保全性の管理

が重要になる．

「トラブル予測」という特別な活動を別に計画することで，開発のできるだけ早い段階で問題を顕在化させ，必要な処置をとることが必要である．
プロセスを対象とする工程トラブルもある．

FMEA（故障モード影響解析）とは，「あるアイテムにおいて，各下位アイテムが存在し得るフォールトモードの調査，並びにその他の下位アイテム及び元のアイテム，さらに上位のアイテムの要求機能に対するフォールトモードの影響の決定を含む定性的な信頼性解析手法.」(JIS Z 8115)

具体的には①予想される故障モード，②影響の重大性，③発生頻度，④検知の難易度，⑤最初に検知できる時点，⑥検知方法，などの評価項目によって故障モードの上位アイテムへの影響を解析する．

FMEA は，システムやプロセスの構成要素に起こり得る故障モードを予測し，その原因や影響を事前に解析・評価することで設計・計画上の問題点を摘出し，事前対策を通じてトラブル未然防止を図る手法である．

製品やシステムの設計で実施される設計 FMEA の他に，プロセスを対象とする工程 FMEA などがある．

FTA（故障の木解析）とは，「下位アイテム又は外部事象，若しくはこれらの組合せのフォールトモードのいずれが，定められたフォールトモードを発生させ得るかを決めるための，フォールトの木形式で表された解析」(JIS Z 8115)

FTA は，好ましくない事象をトップイベントに取り上げ，次にその発生原因となる事象をすべて取り上げる．このようなことを順次繰り返し，事象とその原因を AND ゲート，OR ゲートなどの論理記号と事象記号を使って表現し，全体の樹形図を完成してトップイベントの根本原因を探索する．

4.6 品質保証のプロセス，保証の網（QA ネットワーク）

企業・組織が行っている品質保証のための活動を「プロセス」という視点から捉えることができ，それぞれのプロセスにおいて品質保証活動が必要となる．

新製品開発の流れは大きく，

① 製品・サービスの企画・計画
② 製品・サービスおよびその提供プロセスの設計と試作・試験・評価
③ 製品・サービスの提供
④ 新製品開発プロセスの見直し

に分けることができる．ここでの「プロセス」とは，新製品開発や製品・サービス提供の一連の流れを，インプットを受け取ってアウトプットを生み出すひとまとまりの活動という視点で捉えて，いくつかの典型的な要素に分解したものである．

品質保証活動を「プロセス」という視点から捉えると，大まかには以下のようなプロセスに整理できる．

①市場調査・企画，②研究開発，③製品設計，④生産準備・工程設計，
⑤生産，⑥調達，⑦物流，⑧販売，⑨アフターサービス，⑩回収・廃棄・再利用

保証の網とは，工程FMEAを補完して，製造上の品質保証項目や不具合項目とその製造工程との関連をマトリックスにしたものである．保証の網はQAネットワークとも呼ばれている．

保証の網は，トラブル予測のために，仕入先から納入先までの工程全体の一貫した流れの中で品質保証レベルを検証する．品質保証レベルとは，要素工程に対する発生防止と流出防止の両面からのランク分けである．

縦軸に不具合・誤りを横軸に工程をとってマトリックスをつくり，表中の対応するセルには発生防止と流出防止の観点からどのような発生防止・流出防止の対策がとられているか，またそれらの有効性などを記入する．

4.7 製品ライフサイクル全体での品質保証

製品ライフサイクルとは，「1つの製品の設計段階からその製品が打ち切られるまでの期間」（JIS Z 8141）のことである．

2つの意味があり，1つは製品需要に関する市場導入(導入期)から成長期・成熟期・衰退期といった過程である．もう1つは，製品の使用に関する誕生から廃棄までの耐用期間を意味する．

原材料の採取から製造，製品の使用，廃棄までのすべてのライフサイクルで品質保証を行うということである．

4.8 製品安全，環境配慮，製造物責任

製品安全とはPLP（製造物責任予防）の観点からの製品安全対策のことをいう．PL（製造物責任）の原因になる事故の発生そのものを未然に防止する

ための対策であり，より良い安全な製品を作り込んでいく企業活動をいう．

安全とは，「人への危害又は資（機）材の損傷の危険性が許容可能な水準に抑えられている状態」である．（JIS Z 8115）

製品安全は製造物責任を果たすための品質保証における一つの目標ともいえる．

環境配慮とは、製品が環境に与える影響について配慮することであり、製品設計にあたっては、調達、製造、使用、廃棄という製品のライフサイクル全体を通して製品が環境に与える影響を総合的に評価しつつ設計を行い、環境負荷を低減させる環境配慮設計が求められている．

すべての製品は，環境に何らかの影響を及ぼし，その影響は製品ライフサイクルのすべて段階で発生し得ること，これらの影響は軽微なものから重大なものまで，また，地方，地域または地球規模で生じる場合がある（または，それらの複合でもあり得る）ことが，顧客，利用者，開発者などの間で広く認識され，環境に配慮した設計が重要となっている．

製造物責任（Product Liability：PL）とは，製造物の欠陥によって，人の生命，身体または財産に関わる損害を受けた人に対して，その製造物の製造販売に関わった企業がその損害を負うというものである．製造物責任における欠陥とは，製造物が通常有すべき安全性を欠いていることをいう．

PL法施行前は，消費者が生産者に賠償を求める場合，被害を被ったこと，製品に何らかの欠陥があったこと，欠陥と損害の間に因果関係があること，欠陥が生産者の故意または過失によって生じたことなどを立証しなければならず，消費者の負担が大きかった．しかし，PL法により，それまでの製造物責任が過失責任であったものが，無過失責任に変わった．

これにより生産者の故意または過失の有無にかかわらず賠償する必要があり，生産者により大きな責任と負担が求められるようになった．

企業はPL問題が発生しないように，欠陥のない状態を達成するための製品安全（Product Safety：PS）と万一発生した場合には訴訟を有利に運ぶために記録類を管理することなどの製造物責任防御（Product Liability Defence：PLD）を実施する必要がある．製品安全と製造物責任防御を併せて製造物責任予防（Product Liability Prevention：PLP）という．PLPの実施は品質保証の一環であると考えられる．

4.9 市場トラブル対応，苦情とその処理

アフターサービスにおける品質保証の重点活動の一つとして，市場トラブル対応，クレーム・苦情対応とその処理がある．

品物やサービスの欠陥などに関して，消費者や製造者が供給者に対して持つ不満のことを苦情という．苦情のうちで，修理，取替え，値引き，損害賠償があり，供給者がクレームと判定したものをクレームという．

クレームは無償修理や返金など，金銭的な補償を伴うものである．クレームへの対応は保証期間内に発生した品質不良を無償で行うことが中心となる．

一方，苦情は顧客によって表明された不平，不満であり，保証期間内外を問わない．また，製品品質に関する不具合だけでなく，顧客対応にかかわることも含む．

クレーム・苦情はいろいろな経路から入ってくるが，いずれの経路から入ってきても，例えば，サービス部門や品質保証部門に集約されるように情報経路を設定して関係部門で遵守するように徹底しておく必要がある．

クレーム・苦情への対応においては，

① 正確な情報の収集

② 情報分析と原因分析

③ 再発防止

を迅速に適切に行う必要がある．一連のクレーム・苦情処理手順を苦情処理規程等で標準化しておく必要がある．

演習問題

Q1 **次の文章で，正しいものに○，正しくないものに × を解答欄にマークせよ．**

① 品質保証のための活動要素は大きく分けると，ねらいの品質を確実にするための新製品開発管理と，できばえの品質（製造品質）を確実にするプロセス保証の２つに分けて考えることができる． (1)

② 新製品開発管理とは，ニーズへの適合と技術的な革新とを同時に達成することを目的に，市場調査から製品・サービスの提供に至るプロセスを構築・改善することで，最初から正しい新製品開発を行うための活動

である． (2)

③ 品質保証の目的は，顧客が安心して製品を購入することができ，購入後も顧客が期待する期間中，その製品が確実に機能することを保証することである． (3)

④ 商品企画・開発設計段階での品質保証によって，「品質は設計で作り込む」を，また，工程管理をしっかり実施して「品質は工程で作り込む」を実践すれば，検査による品質保証は必要ない． (4)

⑤ プロセスそのものが確実に決められたとおりに実践されるようにすると，プロセスのアウトプットである製品の品質，サービスの質を経済的に保証することができる．これがプロセス保証の考え方である． (5)

⑥ プロセス保証とは，そのとおり行えば，ねらいとする製品・サービスが得られるようなプロセスを確立することによって経済的にできばえの品質（製造品質）を保証する活動である． (6)

⑦ 補償とは，間違いがない，大丈夫であると認め，責任をもつことであるである． (7)

⑧ 品質保証体系図で意図しているのは，品質保証のための諸活動とその順序および各ステップにおける活動の担当部門を明確にすることである． (8)

⑨ 品質保証体系図には，品質保証のための諸活動とその順序が明確になっていれば，あるステップから次のステップへ進むときに誰が承認して次のステップへ進むかの判定者を明確にしなくてもよい． (9)

Q2 次の文章で，正しいものに○，正しくないものに × を解答欄にマークせよ．

① 品質機能展開（QFD）は，製品に対する顧客の要求を把握し，これを実現するために製品の設計品質を定め，さらには製品を構成する部品の品質及び製造工程の管理項目にいたる一連の関係について二元表を用いて情報整理を行う． (1)

② 品質機能展開は，日常用語によって表現されることが多い顧客・市場のニーズを設計者や技術者の言葉である工学的特性に置き換える方法論であるため，品質展開，技術展開，信頼性展開は含むが，コスト展開，

業務機能展開は含まない. [(2)]

③ DR（デザインレビュー）とは，設計審査と訳され，設計にインプットすべきユーザーニーズや設計仕様などの要求事項が設計のアウトプットに漏れなく織り込まれ，品質目標を達成できるかどうかについて審査することをいう. [(3)]

④ DR は，技術の専門家でないと審査にならないので，DR の場にはマーケット，営業部門の関係者は参加する必要はない. [(4)]

⑤ DR を実施し，トラブル予測と未然防止を進めることで，開発の早い段階で問題を顕在化させ，必要な処置をとることができるようになる. [(5)]

⑥ FMEA は，システムやプロセスの構成要素に起こり得る故障モードを予測し，その原因や影響を事前に解析・評価することで設計・計画上の問題点を摘出し，事前対策を通じてトラブル未然防止を図る手法である. [(6)]

⑦ FTA は，システムやプロセスの構成要素に着目し，故障モードと，システムやプロセス全体への影響メカニズムを予測するボトムアップ的な解析手法である. [(7)]

Q3

次の文章で，正しいものに○，正しくないものに × を解答欄にマークせよ.

① 製造物責任（PL）法では製品に欠陥があったことおよびその欠陥によって損害を受けたことを被害者が証明すれば，製造物を製造販売したものは無過失であっても責任を負わなければならない. [(1)]

② PL 問題が発生しないように，製品安全対策（PS）と製造物責任防御（PLD）を合わせた製造物責任予防（PLP）の実施は品質保証の一環であると考えられる. [(2)]

③ 安全な製品を作る活動では，製品の欠陥は，1）設計上の欠陥，2）製造上の欠陥，3）警告表示上の欠陥の 3 つに分類され，この 3 つの分類に対応して，1）製品自体を欠陥がないように設計すること，2）設計仕様に適合するように製品を製造すること，3）安全な使い方ができるように取扱説明書や警告表示を工夫することが安全な製品を作る上で重要

である．［(3)］

④　苦情は顧客によって表明された不平，不満であり，製品品質に関する不具合が対象で，顧客対応にかかわることは含まない．［(4)］

⑤　品質保証のための活動として，苦情処理活動がある．これは，販売後の市場を中心とする活動であり，顧客の不満解消するための対応と次の製品開発へのフィードバックを目的とする活動である．［(5)］

解答と解説

Q1

(1)　○

(2)　○

(3)　○

(4)　×　「品質は設計で作り込む」を，また，「品質は工程で作り込む」を実践したとしても，検査をまったく無視することはできない．

(5)　○

(6)　○

(7)　×　補償ではなく，保証の説明になっている．

(8)　○

(9)　×　品質保証のための諸活動とその順序が明確になっているだけでなく，次のステップへ進むときに誰が承認して次のステップへ進むかの判定者を決め，責任と権限を明確にすることが重要である．

Q2

(1)　○

(2)　×　コスト展開，業務機能展開も含む．

(3)　○

(4)　×　営業部門を含めた関係者全員が参画する．

(5)　○

(6)　○

(7)　×　FTA ではなく，FMEA の説明となっている．FMEA はボトムアップ的な解析手法であるのに対し，FTA はトップダウン的な解析手法であるといえる．

Q3

(1) ○

(2) ○

(3) ○

(4) ×　苦情には顧客対応にかかわることも含まれる．

(5) ○

⑤ プロセス保証

5.1 作業標準書

作業標準書は，プロセス管理を実現する一環として，設計の要求品質を効率的に実現するための作業条件，作業手順，管理方法，使用方法，使用設備，その他の注意事項などのほか，品質確保のためのチェックポイントや安全上の注意点，さらに作業を効率的に行うための手順や勘どころなどを記載したものである．図 5.1 に例を示す．

作業標準は旧 JIS Z 8101 に，「作業条件，作業方法，管理方法，使用材料，使用設備その他の注意事項などに関する基準を定めたもの」とある．

製造作業について，材料規格や部品規格で定められた材料・部品を加工して，製品規格で定められた品質の製品を効率的に製造するため，製造の設備，加工条件，作業方法，使用材料などを定めた，製造作業の標準の総称．作業の標準化により品質の安定，仕損の防止，能率の向上，作業の安全化を図ることができる．

作業標準の分類として，①製造技術標準：製造上の物を対象とした技術事項を決めたもの（製造技術規格，工程仕様書など），②製造作業標準：製造する人を対象とした作業方法を決めたもの（作業指導票，作業要領書など），③作業指示票：監督者，作業者への作業指示票など）からなっている．

製造技術標準とは，製造作業の標準を定めた作業標準のうち，製造に関連する物を対象とした技術的な事項を主な内容として，製造上重要な技術的事項，すなわち，使用材料，使用設備の選定，標準的な工程，目標品質，配合割合，加工温度，切削条件の選定，標準作業時間，材料の標準原単位などを定めたもの．

製造規格，製造技術規格，工程標準，工程仕様書などと呼ばれるものがあり，主として製造技術者，製造監督者が使う．

製造作業標準とは，製造作業の標準を定めた作業標準のうち，製造する人を対象とした作業方法を主な内容として，この標準に基づいて作業者が作業を行ううえに必要な事項．すなわち，使用材料，設備，機械の取扱い方法，作業手順と作業方法，異常時の処置と報告などを定めたもの．

作　業　標　準　書　　分類番号 23-2-04-01-007

××年 8 月 2 日
(改訂回数　3　回)

工長職務名	CC	目的または適用	連鋳鋳込ヤード No.1, No.2 360T/45Tクレーン 2.3.4 M 鋳込終了鍋をレードルカー上から吊り上げるため
職務	レードルクレーン		
単位作業	レードルカースタンドより 鋳鍋吊り上げ作業（その1）	使用機器.工具・防具	
保護具	㋐軍手		

重要度	手順番号	作業の手順	機器・工具・防具	だれが行うか	作業の急所	手順番号	保護具	安全上の要点
	01	合図を受ける		a	搬送電話連絡の確認復唱	01		コントローラー0位置の確認.操作回路SW(スイッチ)投入する
	02	指示された機械に移行し走行を合わす		a	①進行方向,障害物の確認する ②走行停止位置,マーキングの確認	02		サイレン吹鳴し，周囲の作業員に警告する
	03	合図により主横行を鋳鍋上に移行する		a	鋳鍋上では微動操作で	03		主横行を精整側に寄せ過ぎるとウオール走行レール架台に主巻きビームご重天秤が接触する
○	04	合図により主巻き下げ掛けられる位置で停止		a	トラニオンにフックを合わせながら	04	① ②	制動は早目に操作する レードルカーフレーム溝が浅いので巻き下げ過ぎるとワイヤーがたるむ
	05	合図により主横行を移行する		a	微動操作で			
※◎	06	合図により主巻き上げ一旦停止		a	ワイヤーが張った時点で停止			
※	07	合図により主巻き上げ地切後一旦停止		a	鍋ノズル間のとき巻き上げ操作する			
	08	合図によりセンターの修正をする		a	微動操作で	08		鋳込中の場合の操作は慎重に
※	09	合図により主巻き上げ合図により停止				09		LS(リミットスイッチ)作動と同時に停止(作動直前は1人手操作)

備考	1.災害事例		2.予想される災害	1.重傷災害06	3.異常作業	
					4.必要な資格免許	a クレーン
					5.その他	

（出典）『品質管理セミナーベーシックコーステキスト』第20章，日本科学技術連盟.

図 5.1　作業標準書の例

作業手順書，作業要領書，作業指導票，動作基準などと呼ばれるものがあり，主として製造作業者が使う.

5.2 プロセス(工程)の考え方

プロセスとは，工程・過程や仕事のやり方のことをいい，ISO 9000（JIS Q 9000）では，「インプットをアウトプットに変換する，相互に関連する又は相互に作用する一連の活動」と定義されている．本章では製造プロセスを例に，その管理のしかたと基本的な考え方を述べる.

(1) 工程管理とは

工程管理とは，決められた品質，コスト，納期を実現することであるが，品質管理においては，JIS Z 8101-2 で以下のように定義されている.

「工程の出力である製品またはサービスの特性のばらつきを低減し，維持する活動．その活動過程で，工程の改善，標準化，および技術蓄積を進めていく」

(2) 工程管理の基本的考え方

1) プロセスを重視する　～「品質は工程で作り込む」

品質管理では，結果のみを追うのではなく，プロセスに着目し，これを管理し，仕事の仕組みとやり方を向上させることが大切である，というプロセス重視の考えを基本としている．これは，多くの製品が，完成品の検査だけでは品質を100%保証することが困難であることに基づいている．

2) プロセス毎に品質保証していく　～「後工程はお客様」

よく「後工程はお客様」といわれる．その理由は，どこかの工程で問題が発生すると，製造プロセス全体が混乱するためであり，個々の製造工程毎に品質保証することが重視される．

3) 標準で作る

プロセス毎に保証するため，各々のプロセス毎にチェック項目を決めて，異常を早期発見し，対策し，再発防止をはかることができたら，これを標準化することが大切である．

5.3 QC 工程図，フローチャート

(1) QC 工程図（表）の見方

QC 工程図とは，製品の品質を保証するため，1 つの製品の原材料，部品の供給から完成品として出荷されるまでの工程の各段階における品質管理項目（管理特性）や，判定基準，判定方法，管理担当者などの管理方法，さらに関連する標準類などを，工程の流れに沿って記載したものである．図 5.2 に一例を示す．

1) 工程管理のための標準を作成する場合

QC 工程図には，工程の各段階で必要な管理項目がすべて網羅されているので，作業標準書やチェックシート，管理図などを作成する際の基本の標準として活用される．

① その工程で重要な品質特性は何か

② 重要な特性をどうやって管理すればよいか

③ サンプリング方法，計測方法，抜取間隔をどのように決めればよいか

工程	連続地中壁工（地下連続壁）	制定	2001年04月03日
適用範囲	連続壁築造	改1	
工事名		改2	
		改3	

基本QC工程表

頁（1／2）

作成・承認者	
部長	作成者
辻 01.04.03 井	長 01.04.02 野

プロセス	フロー	出来栄え管理						つくり込み管理				担当			
工程名	単位工程	管理項目	管理水準	測定方法	時期	頻度	処置	点検項目	管理水準	チェック方法	処置	測定	責任	標準類	管理資料
準備工	準備工（エレメント割付）	トレンチ幅	+30 mm～+100 mm	スケールにて測定	乗込時	エレメント毎	元請け確認	通り	曲がり	目視	再測定・元請確認	C	B	設計図（施工計画書）	設計図に赤色記入
		トレンチ深さ	±100 mm	スケールにて測定	乗込時	エレメント毎	元請け確認	捨てコンクリート有・無	有・無	目視	撤去	C	B	設計図（施工計画書）	設計図に赤色記入
		鉛直継手位置	± 5 mm	鋼製巻尺	乗込時	全エレメント	元請け確認					B	A	設計図（施工計画書）	施工計画書に赤色記入
	掘削機据付	掘前中心線	± 0 mm	スケール	EL毎	全エレメント	再測定								
								バケット中心	±20 mm	目視	掘削時／EL毎	C	B	施工計画書	掘削日報
掘削工	溝掘削							掘削機の傾斜計	1/200以内	傾斜計目視	傾斜修正装置操作制御（基準外）	C	B	施工計画書	掘削日報
		壁方向鉛直精度（X/X）（切削継手方向）	最終変位50 mm以下	超音波測定機	基準外時・掘削完了時	ガット毎 EL毎	修正掘削					B	A	仕様書・施工計画書	溝壁測定記録
								掘削機の傾斜計	1/100以内	目視／掘削中	傾斜修正装置操作制御（基準外）	C	B	施工計画書	掘削日報
		継手方向鉛直精度（Y/Y）	最終変位75 mm以下	超音波測定機	基準外時・掘削完了時	ガット毎 EL毎	修正掘削					B	A	仕様書・施工計画書	溝壁測定記録
		掘削深度	+20 cm以内	検尺テープ	掘削完了時	EL毎	底浚い掘削					C	B	仕様書・施工計画書	掘削記録
		壁厚（片側余掘）	砂，シルト系地質0～30 mm 砂礫系 最大礫径以下	超音波測定機	掘削中	初期ガット・地質毎	溝壁拡大対策 肌落ち防止対策による処置（個別処置）					B	A	地質調査報告書・柱状図対策検討書	処置記録
								溝内水位	GW天端－70 cm以内	目視／掘削中	補給	D	C	施工計画書	
								逸水量	0.25 m³/hr以内	掘削中／初期ガット地質毎	逸水防止対策・処理	B	A	施工計画書	処置記録
	スライム処理	スライム堆積厚	5 cm以下	検尺テープ	処理後	EL毎	再処理					C	B	仕様書・施工計画書	
		溝内液の砂分	1％以下	砂分計	鉄筋建込前	EL毎	2次処理					B	A		掘削記録
鉄筋工	鉄筋篭製作	鉄筋本数（主筋・配力筋）	設計本数	目視で確認	組立完了後	EL毎	手直し					D	B	設計図	鉄筋篭チェック記録
		鉄筋間隔	±10 mm以内	鋼製巻尺	組立完了後	EL毎	手直し					D	B	設計図・施工計画書	鉄筋篭チェック記録
		継手取付位置	±10 mm以内		組立中	節毎	据付け直し	タイロット筋溶接長	3 cm以上（両面）	目視	追加溶接	D	B	施工計画書・計算書	

【担当区分】　A：責任者　B：担当職員　C：掘削機運転員　D：担当工長

図 5.2　QC工程図（QC工程表）の記載例

（出典）細谷克也編著，西野武彦，新倉健一著：『品質経営システム構築の実践集』，p.233，図5.2-8 日科技連出版社，2002年.

④　次工程に対して品質保証するためには，どのような管理項目を選べばよいか
⑤　管理項目が下流工程に集中する場合，上流工程で保証するにはどうすればよいか
⑥　作業標準をどうやって整備すればよいか
⑦　役割分担をどのように決めるか
⑧　トレーサビリティをどうやって確保すればよいか
⑨　記録方法（計量データ，計数データ）やチェックシートをどうやって用意するか
⑩　異常を発見した際は，どのような処置方法をとればよいか．応急処置とともに，再発防止はどうすればよいか

2）工程設計段階

1）と同様に，各工程で作り込む品質・管理項目がすべて網羅されていることを利用して，工程設計を行う段階のDR（デザインレビュー：Design Review）にも使われる．

QC工程図に使う記号は，JIS Z 8206で定められている（図5.3，図5.4）．

(2)　作業標準書（フローチャートを含む）の見方

1）作業者が見る場合

記号の名称	記号	意　　味
加　　工	○（大）	原料，材料，部品または製品の形状，性質に変化を与える過程を表わす．
運　　搬	○（小）	原料，材料，部品または製品の位置に変化を与える過程を表わす．
貯　　蔵	▽	原料，材料，部品または製品を計画により貯えている過程を表わす．
滞　　留	D	原料，材料，部品または製品が計画に反して滞っている状態を表わす．
数量検査	□	原料，材料，部品または製品の量または個数を測って，その結果を基準と比較して差異を知る過程を表わす．
品質検査	◇	原料，材料，部品または製品の品質特性を試験し，その結果を基準と比較してロットの合格，不合格または個品の適合，不適合を判定する過程を表わす．

図5.3　工程図記号

複合工程図記号	記号の意味
	品質検査を主として行いながら数量検査もする.
	数量検査を主として行いながら品質検査もする.
	加工を主として行いながら数量検査もする.
	加工を主として行いながら運搬もする.

図 5.4　工程図記号の複合記号の例

標準書どおり行えば，品質 (Q)，生産コスト (C)，納期精度 (D)，安全 (S)，が確保されるよう工夫されたものなので，作業者はよく読んで，これを遵守しなければならない．しかし，量産工程において，毎回標準書を見ながら作業することは非効率なので，作業標準書を用いて暗記テストを行うなど，技能習熟評価に活用することも多い．作業者は，とくに下記の5項目は十分に理解しておかなければならない．

① 作り込むべきねらいの品質

② ねらいの品質が達成していることを確認する方法

③ ねらいの品質や要求値に適合していない場合に，工程や作業を調整する方法，および，やってはいけないこと

④ その他の異常が発生したときの処置方法

⑤ 対象工程の作業の結果が，後工程や完成品質に与える影響度

2）監督者が見る場合

監督者は，作業者が標準どおり作業を行っているかを定期的に確認し，もし標準と異なった作業が行われていたら，即刻これを是正させる必要がある．

3）品質管理担当部署が見る場合

品質はプロセスで作り込むものである．検査ラインで不適合を発見したら，製造工程をよく見る必要がある．さらに，監督者だけでなく品質管理担当者としても，定期的に作業を監査することが重要である．

4）その他の見方・使い方

作業標準書は，記載どおり行えば，品質 (Q)，生産コスト (C)，納期精度 (D)，安全 (S) がすべて満足することをねらって作られたものではあるが，

一方，理想的な状態が一朝一夕で作られることも稀である．したがって，日々見直しをはかり，現場の知恵を盛り込みながら，少しずつ良いものに改訂していくことが大変重要である．

5.4 工程異常の考え方とその発見・処置

異常とは，単に製品の異常・不適合だけでなく，作業のやり方の異常も含まれる．異常を発見した場合，的確な報告とタイムリーな対応が必要である．また，その対応は，応急処置だけでなく再発防止をはかることも重要である．前者をより確実にするために，(1) 報告フローを，後者のために，(2) 工程異常報告書を用意しておくとよい．

(1) 報告フロー図

異常を発見した場合，その重要度と異常内容に応じて，誰にいつ報告するか，どのように報告するか，などをあらかじめ決めてフロー図にまとめておくとよい．フロー図には，通常，以下の項目が記載されている．

重 要 度：製品品質や安全，法令順守，納期精度，ロスコストなどの重要度．

報 告 先：管理監督者へ報告するとともに，内容に応じて品質管理部署，安全・健康管理部署，コンプライアンス担当部署など，関連部署への報告も必要である．

報告時期：異常内容や重要度に応じて報告タイミングも変わってくる．後工程で直せない品質問題や，法令に関わる問題などは，作業を中断して即刻対応する必要があるので，これらを考慮して決めておくとよい．

(2) 工程異常報告書

工程異常報告書には以下の項目が記載される．図 5.5 に一例を示す．

① 原因調査結果

② 応急処置の内容と時期

③ 再発防止対策の内容と時期

④ 効果の確認

⑤ 関連帳票類の改訂記録

工程異常報告書は，今後の工程設計に必要な技術情報の蓄積にも役立つ．異

整理No. UA-009　工程異常報告書

発行49年2月15日

異常発生	機種名	ENT-86814	管理図登録番号	20-2-Tuu-A3-2	発生日時
	工程名	PRE・TEST	ロットNo.		2月15日 AM 時 PM 5時
	品質特性	電気性能(波形)	作業員(検査員)	吉川明美	
	PPE.TESTの波形変化不良を層別した管理図で3% 3.30 UCL=1.12 不良発生(従来の3%) CL=0.3 9 10 11 14 15				発見者 (田渕)
原因調査	能率の向上を計るため従来はローターシャフトの溝を基準にして扇形ギヤの位置(C寸法)決めていたのを，B寸法で位置決めをする様に扇形ギヤハンダ付治具を変更したためローターシャフトのバリなどによってC寸法のバラツキが大きくなりシャーシとタッチして波形が変化したもの B寸法　C寸法　扇形ギヤ　ハンダ付　ローターシャフト　バリ　タッチする　シャーシ 今後生産の増加に対処するために能率のよい現在の治具を使用したい。				原因調査 1 いつ 2月16日 誰が (田渕) 2 いつ 月 日 誰が 3 いつ 月 日 誰が
応急処置	・アースバネハンダ付時に扇形ギヤとシャーシのタッチを確認する。 ・ローター組立工程でローターシャフト扇形ギヤハンダ付治具を修正		関連部署へ連絡手配 2月17日 技術へ検討依頼書発行 (UTU-014)		応急処置 1 誰が (田渕) 2 いつ 2月17日 確認 (得能)
再発防止処置	・ローター組立工程でローターシャフトと扇形ギヤーハンダ付寸法(B寸法)をX̄-R管理図で管理する。(2/17より) ・シャーシの扇形ギヤとタッチする所(A寸法)の寸法5.5mmを6.5mmに変更				再発防止 いつ 2月28日 誰が (得能) 処置内容の確認 (青木)
再発防止処置の効果の確認	・A寸法変更後波形変化不良は発生しておらず，波形変化不良p管理図も0……が続くので廃止する。 ・ローターシャフト，扇形ギヤハンダ付寸法のX̄-R管理図も廃止する。				確認 いつ 3月8日 誰が (得能)
保存期限 3年	チューナ事業部				課長 (青木)　職長 (得能)　班長 (田渕)
様式No.TG-Q-001	MP工場 製造課 UHF組立係　班				

（出典）　朝香鐵一，石川馨編『品質保証ガイドブック』，日科技連出版社，1974年.

図5.5　工程異常報告書の例

常が発生したのは，作業標準や設備，治工具，原材料などに何らかの不備があったと捉えるべきであり，類似工程の見直しやフール・プルーフ化を含め，今後の工程設計にフィードバックをはかるとよい.

5.5 工程能力調査，工程解析

工程能力調査とは，工程能力を調べることである.

工程能力調査の目的は，工程能力を把握し，規格，図面公差と比較して評価し，評価結果に基づき，①工程改善計画の立案と改善実施，②不合理な規格・図面公差の変更，を行うことである．

工程分析は，JIS Z 8141 に次のように定義されている．「生産対象物が製品になる過程，作業者の作業活動，運搬過程を系統的に，対象に適合した図記号で表して調査・分析する手法．：備考：生産対象物に変化を与える過程を工程図記号で系統的に示した図を工程図という．この図を構成する個々の工程は，形状性質に変化を与える加工工程と，位置に変化を与える運搬工程，数量又は品質の基準に対する合否を判定する検査工程，貯蔵又は滞留の状態を表す停滞工程とに大別される」．

一般に，工程図記号を用いて分析結果を図表化する．工程分析は，生産工程や作業方法の改善をしたり，工程管理やレイアウトなどの資料を得るのに用いられる．

工程能力は，JIS Z 8101-2 に次のように定義されている．「安定した工程の持つ特定の成果に対する合理的に到達可能な工程変動を表す統計的測度．通常は工程のアウトプットである品質特性を対象とし，品質特性の分布が正規分布であるとみなされるとき，平均値 $\pm 3\sigma$ で表すことが多いが，6σ で表すこともある．また，ヒストグラム，グラフ，管理図などによって図示することもある．工程能力を表すために主として時間的順序で品質特性の観測値を打点した図を工程能力図(Process capability chart)という．備考：“合理的に到達可能”とは，経済的・技術的にみて到達可能であることを意味する」．

設計品質に合致した製造品質を得るために設備・機械，原料，燃料，材料・部品，作業者及び作業方法などに対して行われた条件設定の結果として，「一定期間継続が期待される安定状態の工程において，経済的ないしその他の特定条件の許容範囲内で，到達し得る工程の達成能力の上限」のことであり，工程の実績とは異なる．

対象とする工程の工程能力は，その安定状態の継続する期間により短期工程能力と長期工程能力に，また安定状態の意味の広狭から静的工程能力と動的工程能力とに分類することがあり，目的や利用の仕方によって使い分けることが必要である．

評価尺度としては通常工程能力指数が用いられるが，種々の新しい評価尺度が提案されている．

工程能力指数は，JIS Z 8101-2 に次のように定義されている．「特性の規定された公差を工程能力（6σ）で除した値．備考：製品規格が片側にしかない場合，平均値と規格値の隔たりを3σで除した値で表現することもある.」

工程能力の評価尺度の一つ．C_Pで表し，一般的な評価基準は次のとおり.

$C_P > 1.33$：工程能力は十分.

$1.33 \geqq C_P > 1$：工程能力はあるが不十分.

$1 \geqq C_P$：工程能力不足.

工程能力図とは「工程能力，すなわち，工程のもつ品質に関する能力を図に表したもの．これを工程品質能力図と呼ぶこともある」(JIS Z 8101-2).

5.6 検査の目的・意義・考え方

JIS Z 8101-2：1999「統計—用語と記号—第2部」によると，検査とは,「品物またはサービスの1つ以上の特性値に対して，測定，試験，検定，ゲージ合わせなどを行って，規定要求事項と比較して，適合しているかどうかを判定する活動」と定義している.

つまり，検査とは，製品の特性などを測定，試験して終わりではなく，顧客や後工程に対して，製品やロットに対する具体的な判断，処置というアクションを通して品質を保証するものである.

すなわち，検査の目的は，製品が要求事項に対して合致していることを保証することである．ただし，検査結果を分析，評価することで得られた品質情報を，関連部署にフィードバックすることも重要である.

5.7 検査の種類と方法

検査は次のように分類される.

1) 検査の行われる段階による分類

受入検査（購入検査）……………………物品を受入れる段階で行う検査

工程内検査（中間検査）…………………生産工程の途中で次工程に渡す前に行う検査

出荷検査（製品検査，最終検査）……製品を出荷する際に行う検査

2) 試験方法の影響による分類

破壊検査………試験により検査対象を破壊してしまう，あるいはその商品価値を下げてしまう検査（寿命試験，破壊強度試験など）

非破壊検査……破壊を伴わずに行う検査

3) **検査の方法による分類**

全数検査……………………………………すべての製品（検査単位）を検査
抜取検査……………………………………一部の製品をサンプリングして検査
無試験検査（間接検査）…………………自らは試験を行わず，購入先などの試験成績書などによって判定する検査

より確実な品質保証の観点からは，全数検査をしておけばよいことになるが，破壊検査の場合は不可能であるし，費用や時間の制約から合理的でない場合が多い．このような場合，一般的には抜取検査を行うことになる．

5.8 計測の基本

計測は，1つの物事と他の物事との関連を調べるとか，物理現象そのものに法則を見い出すとか，様々な目的に用いられる．計測管理とは，個々の具体的な目的に応じて，物事を量的に捉えるための適切な方法・手段を選定し，それを実際に講じるための器具や装置・設備を発案し，計画・設計・製作・設置したうえで，これを使用し，維持し，使用結果を吟味して処置にいたるまでの，一連の手続きを考究・実施することによって，当初の目的を達成する技術である．また，それらの方法・手段の体系を確立する科学ともいえる．

(1) 計測と測定の違い

「はかる」に用いられる漢字の意味を，辞書で調べると以下となる．

…『漢字に強くなる本』(佐藤一郎，浅野通有 編，光文書院，1978年)より

・計る…時間や数量を明らかにすること
（転じて，あれこれと細かく気遣う意味にも使われる）

・測る…物の長さや面積を知ろうと試みること

・量る…物の重さや容積を知ろうと試みること
（転じて，物事の内容や程度を知ろうとする意味にも使われる）

したがって，単に測るといえば長さや面積を知ろうと試みることを意味し，計測と表現すれば，測ることを試みて，それを明らかにする行為を含むことになる．JIS Z 8103では，測定と計測について以下に定義している．

・測定…ある量を，基準として用いる量と比較し，数値または符号を用いて表すこと

・計測…特定の目的をもって，物事を量的に捉えるための方法・手段を考究し，実施し，その結果を用い所期の目的を達成させること

(2) 測定の基本

1) 基本単位の標準（基準として用いる量）

長さ1mは，もともと地球の北極から赤道までの子午線の長さの千万分の1と定められ，その後メートル原器に置き換えられた．重さ，物質量，電流，光度などすべての基本単位に基準として用いる量が決められている．

2) 測定精度

測定精度とは測定値の確からしさのことである（(注) 参照)．測定精度は，一般的に正確さと精密さで表わされ，正確さは系統誤差（かたより）が小さいことを意味し，精密さは偶然誤差（ばらつき）が小さいことを意味する．精度よく測定するためには，どちらの誤差に対しても，適切に対処する必要がある．

(注) JIS Z 8103（計測用語）では，偶然誤差と系統誤差を合わせたものを測定精度としている．一方，JIS Z 8101（統計用語）では偶然誤差を精度とし，系統誤差を加えたものを総合精度と呼んで区別している．

3) 測定方式の違い（直接測定と間接測定，比較測定）

直接測定とは，測定量を（同種類の基準として用いる量と比較して）直接求める方法である．一方，間接測定とは，測定量と一定の関係にあるいくつかの量について測定し，その結果から測定値を導き出すことである．例えば，物体の密度を求めるために，重さ（質量）と寸法を測定し，密度を演算で求める方法がこれにあたる．比較測定は直接測定の一種で，同種類の量と比較して行う測定のことである．

5.9 計測の管理

計測には必ず誤差が伴う．その大きさや性質は計測方法によって大きく異なるので，各々の計測目的に見合った計測方法を選択する必要がある．同様に，計測技術の差が製品開発力や生産技術力に大きく影響するため，日々の改善・改良や新技術開発に継続的に取り組むことが重要である．

一方，計測器自体にも避けられない経時変化・劣化があり，これらの大きさや傾向を評価し，定期的な校正と最適な保管環境などによる劣化予防につなげる必要がある．これらの多くは計量法に定められているが，自社の使用環境に

見合った最適な管理方法を探索することも重要である．このように，改善と管理を計画的に実施することが計測器管理である．

計測器管理には独特の用語が使われるので，以下に用語をまとめる．

1）計測器

「計器，測定器，標準器などの総称．備考：計器，測定器など個々のものを計測器という場合は，それが計測器に含まれるという意味で用いる．」(JIS Z 8103)

例えば，自動調節計や分銅なども計測器であり，顕微鏡，望遠鏡も視野に指示線があれば計測器であることを示している．

2）計測器管理

「生産活動又はサービスの提供に必要な計測器の計画，設計・製作，調達から使用，保全をへて廃却・再利用に至るまで，計測器を効果的に活用するための管理．備考：計測器とは，計器，測定器，標準器などの総称である．」(JIS Z 8103)

3）校正

「計器又は測定系の示す値，若しくは実量器又は標準物質の表わす値と，標準によって実現される値との間の関係を確定する一連の作業．備考：校正には，計器を調整して誤差を修正することは含まない．」(JIS Z 8103)

新しく目盛りを入れるときは目盛定めといい，すでにある目盛りの補正を求めるときは校正という．

測定器などの誤差を基準に照らして正す意味の校正は，古くは較正と書かれた．一般には出版物での校正の意味がある．

4）標準器

「ある単位で表された量の大きさを具体的に表すもので，測定の基準として用いるもの．（測定）標準のうち，計器及び実量器を指す．」(JIS Z 8103)

例えば，標準抵抗器，標準電池のように，それぞれ Ω，V の単位で表わした抵抗と電圧の大きさを具体的に表わし，測定の基準として用いるもの．

5）標準物質

「測定装置の校正，測定方法の評価，又は材料に値を付与することに用いるために一つ以上の特性値が十分に均一で，適切に確定されている材料又は物質．備考：標準試料（Standard sample）という場合もある．」(JIS Z 8103)

例えば，pH 標準液，粘度標準液，鉄鋼標準試料，ガス分析用標準ガスなどがある．

6）測定器

「測定を行うための器具装置など.」(JIS Z 8103)

例えば，マイクロメーター，ノギスなどの機械測定器，距離計，トランシットなどの光学測定器，分光計，色彩解析器などの実験室用測定器，ジャイロコンパスなどの航海用測定器など，測定を行うための器具を指す.

測定機と書く場合もあり，器よりも機のほうが複雑または大型という意見もあるが，決定的ではない.

7）測定機器

「測定プロセスの実現に必要な，計器，ソフトウェア，測定標準，標準物質又は補助装置若しくはそれらの組合せ.」(JIS Q 9000)

5.10 測定誤差の評価

測定誤差とは，「サンプルによって求められる値と真の値との差のうち，測定によって生じる部分」(旧 JIS Z 8101).

測定誤差を検討するとき，誤差を精度（ばらつき），正確さ（かたより）といった2つのものにわけて考えることが必要である.

かたよりとは，「観測値・測定結果の期待値から真の値を引いた差」(JIS Z 8101-2) である.

統計学においては，ある母数に対する推定値の期待値とその真の値との差という限定した意味でかたよりという言葉を用いる. バイアスともいう. すなわち推定量をT，母数を θ としたとき，$E(T)-\theta$ にかたよりがないことを不偏（unbiased）といい，不偏な推定量のことを不偏推定値と呼ぶ.

かたよりが生じる原因としては，①推定量自身の問題，②サンプリング誤差，③測定誤差などが考えられる.

ばらつきとは，「観測値・測定結果の大きさがそろっていないこと. 又は不ぞろいの程度. ばらつきの大きさを表すには，標準偏差などを用いる」(JIS Z 8101-2).

大きさを評価するには，標準偏差や平均絶対偏差など「中央」(平均やメディアン）からの偏差に基づく指標か，範囲や四分位差などの順序統計量の差を用いる.

ばらつきとかたよりの関係を図 5.6 に示す.

図 5.6 は，4名の作業者山田君，加藤君，高井君，大山君が μ という寸法を

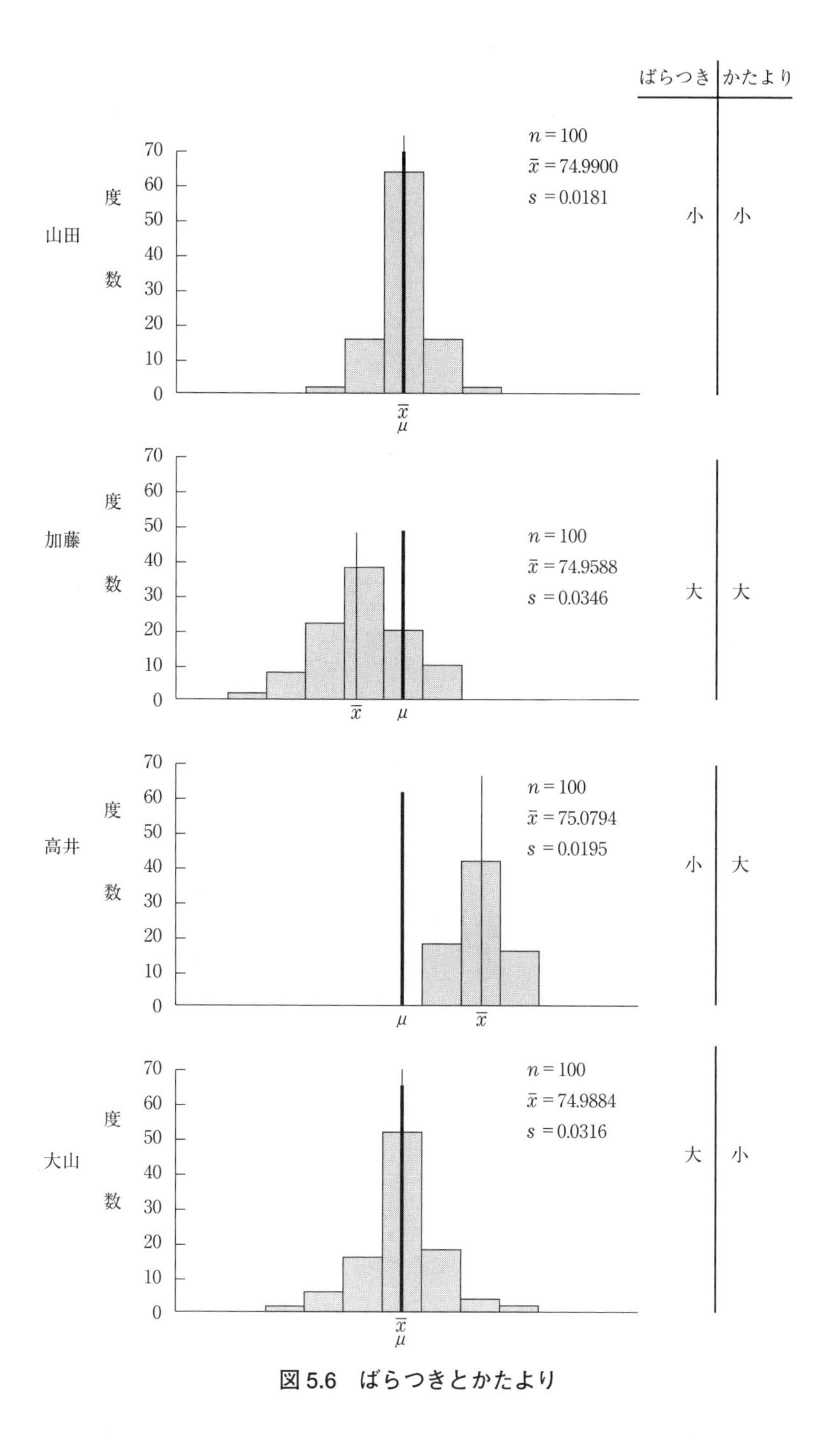

図 5.6　ばらつきとかたより

ねらって作った部品の寸法についてのヒストグラムである．各ヒストグラムの平均値を$\overline{x}$でしめしてある．ねらいの値 μ と$\overline{x}$との差(ばらつきあるいは精度)と，$\overline{x}$のまわりへのデータの集まり具合（ばらつきあるいは精度）をみたい．

山田君は，ばらつきもかたよりも小さく，もっとも腕が良い．これに対して加藤君は，ばらつき・かたよりともに大きく，さらに訓練を必要としよう．高井君には少し小さめに寸法をねらうよう，大山君にはばらつきを小さくするよう指導が必要となろう．

このように，われわれの取り扱うデータは，いろいろな原因による誤差を含んでいる．

5.11 官能検査，感性品質

官能評価（Sensory Evaluation）とは，「官能評価分析に基づく評価」(JIS Z 8144）である．

官能試験（Sensory Inspection）は，工場における品質の良否の判定，製品規格の検査における合否の判定に相当するもので，人間の感覚を測定器のセンサーとして製品の品質を測定する行為であり，従来から使われている“官能検査”という用語の訳として最も適切な英語である．日本では，大蔵省醸造試験所において古くからある利き酒審査を官能検査と称していたことに由来する．

また，官能評価は製品を改良する際に用いられるだけでなく，「多くの試料から最良のものを選択する」というような評価を行うこともあり，評価する対象領域が拡大している．単に出荷検査や規格の合否という品質検査の現場だけでなく，企画部門や商品開発部門などのより広い評価分野でも用いられる用語であり，嗜好の問題もしばしば扱われる．

さらに，官能評価分析（Sensory Analysis）は評価業務だけでなく，システム全体を示す用語であり，研究的な場面でも用いられる．

Organoleptic Test は現代の英語において古めかしい語感をもつとされているが，人間の感覚を利用した試験の意味である．これを総称して Sensory Test として用いる．

官能評価分析とは，「官能特性を人の感覚器官によって調べることの総称」(JIS Z 8144)．

官能評価分析は，従来は“官能試験”と訳していた用語である．しかし，ISO 5492 はこの用語を単なる“試験（test)”として扱ってはおらず，人の感覚器官を利用した測定・実験・データ解析・結果の解釈という一連のシステム全体として扱っている．そのため，システム的な側面を含めてSensory Analysisの訳語としては“官能評価分析”が適切である．

官能特性とは，「人の感覚器官が感知できる属性」（JIS Z 8144）である．

感覚的特性または心理的特性という語の類義語としても使われる．

感性とは，外界の刺激に応じて，何らかの印象を感じ取る，その人の直感的な心の動きのことであり，欲求・感情・情緒に関する点で，意志・知性と区別される．感性品質とは，感性により評価される品質のことである．品質の捉え方として，通常評価する，機能性がある，安全性が高い，信頼性が高いといった捉え方ではなく，感性からの捉え方を行うことで，従来のものから差別化された新たな商品を開発していくことが可能になる．

演習問題

Q1　次の文章で，正しいものに○，正しくないものに × を解答欄にマークせよ．

① プロセス管理とは工程で特性のばらつきを低減させることなく，検査で品質を保証しようとすることである．［(1)］

② プロセスとは，工程・過程や仕事のやり方のことをいい，インプットをアウトプットに変換する，相互に関連するまたは相互に作用する一連の活動のことである．［(2)］

③ プロセスとは，単に製造プロセスだけでなく，マーケティングや開発・設計，資材調達，サービスなどのプロセスも含まれる．［(3)］

④ 製造工程では作業者の勘と経験と度胸，それらの頭文字をとった，いわゆるKKDにより改善活動を行うほうが効率的である．［(4)］

⑤ プロセス管理を行うためには作業を標準化し，標準に基づいて作ることが大切である．［(5)］

⑥ 品質管理において，社内の人に対して「後工程はお客様」という考え方はない．すなわち，お客様は実際に製品やサービスを受ける「顧客」であって，社内の人を「お客様」と考えることはない．［(6)］

⑦ 作業標準書に書いてある作業手順は，新人がやっても品質確保できるように定められているので，品質確認が多すぎて時間がかかりすぎる．

ベテランならば新人のような作業ミスはしないので，自分流のやり方を実施すればよい． (7)

Q2 次の文章で，正しいものに○，正しくないものに × を解答欄にマークせよ．

① 工程を安定状態に維持するために，QC 工程図や作業標準書が使われる． (1)

② 検査基準書とは，工程の各段階での管理項目や管理方法などを工程の流れに沿って記載した帳票である． (2)

③ 作業標準書には，要求品質を効率的に実現するための作業条件や作業手順，管理方法などが記載されている． (3)

④ QC 工程図には，管理項目や管理水準などが記載されている． (4)

⑤ QC 工程図は，プロセスを管理するための標準なので，工程設計の段階では役立たない． (5)

⑥ 作業標準書の使い方として，作業者が見る場合，監督者が見る場合，品質管理担当部署が見る場合の 3 通りの使い方がある． (6)

⑦ 作業標準書どおり作業すれば，品質（Q)，生産コスト（C)，納期精度（D)，安全（S）とが確保されることになっているので，より良い手順が見つかっても絶対に変えてはいけない． (7)

⑧ 作業標準書は，工程設計を行った者が，もっとも良いと思われる作業方法を記載したものなので，製造やサービスの現場の知恵を加えてはいけない． (8)

⑨ 工程能力指数は，特性の規定された公差を工程能力（6σ）で除した値である． (9)

Q3 QC 工程図を用いて作業標準を作成する場合の注意点として，下記の中から正しいものに○，正しくないものに × を解答欄にマークせよ．

① その工程で，どのような品質保証ができるか． (1)

② 重要品質特性を 100%保証するために，どのような手順で作業を実施するか． (2)

③　サンプリング方法，抜取間隔，計測方法などを，どうやって決めればよいか．［(3)］

④　管理項目が最終検査工程に集まりすぎる場合，どのような検査をすればよいか．［(4)］

⑤　次工程に対して品質保証するためには，どのような管理項目を選べばよいか．［(5)］

Q4

次の文章において，［　　］内に入るもっとも適切なものを選択肢から１つ選び，その記号を解答欄にマークせよ．

①　結果のみを追うのではなく，仕事のやり方に注目し，これを管理し，仕事の仕組みとやり方を向上させることが大切であるという考え方のことを［(1)］という．

②　工程の異常が発生し，それが法令順守に関わる問題であった場合は，速やかに対応し，場合によっては行政への届け出も必要である．したがって，必ず［(2)］を持った者に判断を委ねるべきである．

③　工程の異常を発見した場合は，ただちに応急処置を講ずるとともに，［(3)］を行う必要がある．これらの活動を洩れなく実施するためのレポートとして，［(4)］を用意するとよい．

④　［(4)］を発行するもう１つの目的は，今後の［(5)］に必要な技術情報を蓄積することである．

【選択肢】

ア．設備管理　　イ．専門知識　　ウ．一般教養

エ．工程設計　　オ．標準化　　カ．再発防止

キ．応急処置　　ク．プロセス管理　　ケ．検査設計

コ．工程異常報告書　　サ．市場クレーム報告書

Q5

次の文章で，正しいものに○，正しくないものに × を解答欄にマークせよ．

①　生産活動を円滑に行ううえにおいて，計測器の管理は必要ない．

(1)

② 計測器管理において，校正には，計器を調整して誤差を修正することは含まない． (2)

③ 標準物質とは，標準抵抗器，標準電池のように，ある単位で表わされた量の大きさを具体的に表わすもので，測定の基準として用いるものが該当する． (3)

Q6

次の文章で，正しいものに○，正しくないものに × を解答欄にマークせよ．

① 測定とは，ある量を，基準として用いる量と比較し，数値または符号を用いて表わすことである． (1)

② 計測とは，特定の目的を持って，事物を量的に捉えるための方法・手段を考究し，実施し，その結果を用い所期の目的を達成させることをいう． (2)

③ 標準器とは，測定プロセスの実現に必要な計器，ソフトウェア，測定標準，標準物質または補助装置もしくはそれらの組み合わせをいう． (3)

④ 測定誤差とは，サンプルによって求められる値と真の値との差のうち，測定によって生じる部分をいう． (4)

Q7

次の文章において，［　　］内に入るもっとも適切なものを選択肢から１つ選び，その記号を解答欄にマークせよ．

JIS Z 8101-2 によると，「検査とは，品物またはサービスの１つ以上の (1) に対して，測定， (2) ，検定，ゲージ合わせなどを行って， (3) と比較して， (4) しているかどうかを (5) する活動である．」

【選択肢】

ア．特性値　イ．計測値　ウ．試験　エ．指導
オ．規定要求事項　カ．見本　キ．処置　ク．運用　ケ．適合
コ．判定

Q8 **次の文章で，正しいものに○，正しくないものに × を解答欄にマークせよ．**

① 検査の目的は，製品を試験してデータを収集することである．
(1)

② 抜取検査は，全数検査と違ってロットの一部しか試験しないので，ロット全体を品質保証したことにはならない． (2)

③ 原油や液化天然ガスなどにも抜取検査は適用できる． (3)

④ 検査では，品質保証するだけでなく，検査で得た品質情報を関連部署にフィードバックすることも重要である． (4)

⑤ 官能検査は，検査員の五感を測定器として使用することになるので，できるだけ主観的な判断ができるような環境を整えるべきである． (5)

⑥ 破壊検査は全数検査には適用できない． (6)

⑦ 不適合品率 1%のロットから，ランダムに 100 個のサンプルをとると，最低でも不適合品が 1 個含まれている． (7)

⑧ 良い品質のロットを検査で誤って不合格としてしまうことを消費者危険という． (8)

⑨ 不適合品の数で合否判定を行う抜取検査を計量抜取検査という． (9)

⑩ 人工衛星の部品のような，修理や交換が事実上できないような品物には全数検査を行うことが適切である． (10)

⑪ 感性品質とは，人間が抱くイメージやフィーリングなどの感性によって評価される品質である． (11)

解答と解説

Q1

(1) × プロセス管理とは，プロセスに着目して管理・改善を行うことである．

(2) ○

(3) ○

(4) × 事実に基づき論理的に改善活動を行ったほうが，効率的・効果的になると考えられる．

(5) ○

(6) ×　自工程のアウトプットは次の工程のインプットとなり，自工程の仕事の目的は次の工程を含めた後工程全体に喜んでもらえるようなものでなければならない．

(7) ×　プロセス管理の重要な考え方として，「標準で作る」考え方があり，標準どおり作業する必要がある．

Q2

(1) ○

(2) ×　工程の各段階での管理項目や管理方法などを，工程の流れに沿って記載した帳票はQC工程図である．

(3) ○

(4) ○

(5) ×　QC工程図には，工程管理のための標準作成段階とともに，工程設計段階でのDRなどにも使われる．

(6) ○

(7) ×　作業標準書は日々見直しをはかり，より良いものに改訂していく必要がある．

(8) ×　作業標準書は，工程設計担当者だけが考えても最適な作業標準は作れない．実際に作業する現場の知恵を集めて，より良いものに改訂していくことが重要である．

(9) ○

Q3

(1) ×　各工程における品質保証項目は，最終製品を品質保証するために，どの工程で，どのような管理すればよいか，工程全体を考えて決めるものであり，単一工程だけで決められるものではない．

(2) ○

(3) ○

(4) ×　管理項目が最終検査工程に集まりすぎる原因は，プロセスで品質を作り込めていないことが多いので，QC工程図を参照し，前工程で品質を作り込むように見直す必要がある．

(5) ○

Q4

(1) ク：プロセス管理

品質管理では，プロセス管理の考え方が基本となっている．

(2) イ：専門知識

法律や条令は専門性が高いうえ，高度な判断が求められる．

(3) カ：再発防止

再発防止という考え方も，品質管理で重要な考え方の一つである．

(4) コ：工程異常報告書

工程異常は必ずしも品質異常だけではない．

(5) エ：工程設計

異常が発生したのは，作業標準や設備，治工具，原材料などに何らかの不備があったと捉えるべきであり，必ずしも検査に関する不備とは限らない．

Q5

(1) ×　生産活動を円滑に行ううえにおいて，計測器の管理はなくてはならない．正しくない計測器で製品を管理しようとしても意味のない管理となってしまう．

(2) ○

(3) ×　標準物質には，pH 標準液，粘度標準液，鉄鋼標準試料，ガス分析用標準ガスなどがあてはまる．問題文は標準器の説明である．

Q6

(1) ○

(2) ○

(3) ×　本内容は，測定機器のことである．

(4) ○

Q7

(1) ア：特性値　(2) ウ：試験　(3) オ：規定要求事項

(4) ケ：適合　(5) コ：判定

検査の定義なので，確実に押さえておくこと．

Q8

(1) ×　検査の主目的は合否を判定して品質を保証することである．

(2) ×　試験はサンプルに対して行うが，考察・処置の対象はあくまでも母集団であるロットである．

(3) ○　液体，連続体，粉体であっても，検査単位（例えば10㎤，100g）を適切に決めれば抜取検査は適用できる．

(4) ○

(5) ×　できるだけ客観的な判断ができるように限度見本などを用意し，ばらつきを小さくすべきである．

(6) ○

(7) ×　0個の場合もあり得る．

(8) ×　良い品質のロットを検査で誤って不合格としてしまうことは生産者危険である．

(9) ×　不適合品の数で合否判定を行う抜取検査は，計数抜取検査である．

(10) ○　修理や交換が極めて難しい場合は全数保証が必要である．

(11) ○

⑥ 方針管理

6.1 方針(目標と方策)

方針とはめざす方向のことである．目標と方策で方針を設定する場合は，目標を達成するための活動の方向づけや制約条件のことをさす．目標は上位の方針の範囲内で設定することになる．全社（全事業部）方針の設定（方針策定）は重点を絞った合理的かつ明確な方針を設定する．

6.2 方針の展開とすり合わせ

方針管理とは，経営基本方針や経営理念に基づき，中長期経営計画や短期経営計画を定め，それらを効率的に達成するために，企業組織全体の協力のもとに行われる活動のことである．

企業における製品の開発，品質の改善・維持の活動や，企業の体質強化の活動を効果的に進めるためには，まず会社としての方針や目標を明示し，これを各部門に展開し，実施計画を立て，実施した結果を評価し，次期の方針や目標に反映することが必要である．

6.3 方針管理の仕組みとその運用

方針管理とは，方針に関する下記の5つの機能から成り立っている．

1）方針の設定

方針は一般的に，基本方針・経営理念などを受けた中長期経営計画と，中長期経営計画から展開した年次経営計画とで構成される．

これらの関係は，図 6.1 に示すように，年度および中長期ごとに管理のサイクル（PDCA）を回すことで，継続的に推進される．

2）方針の展開

会社方針を各部門に展開して，部門の重点課題，目標，方策を提示する．会社の方針は，上位から下位に展開されるものなので，以下の点に留意する必要がある(図 6.2)．

① 下位の方針ほど具体的な計画であること

② 末端の実行が，上位方針や計画の実現に結びつくこと

③ 期限・目標など，5W1H（When，Who，What，Why，Where，How）が明示されていること

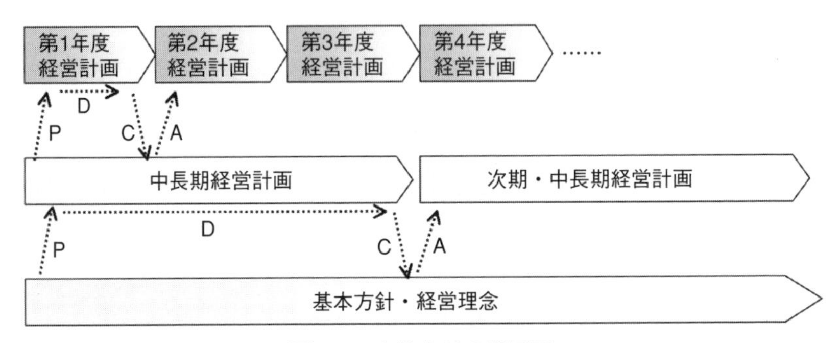

図 6.1　上位方針の階層図

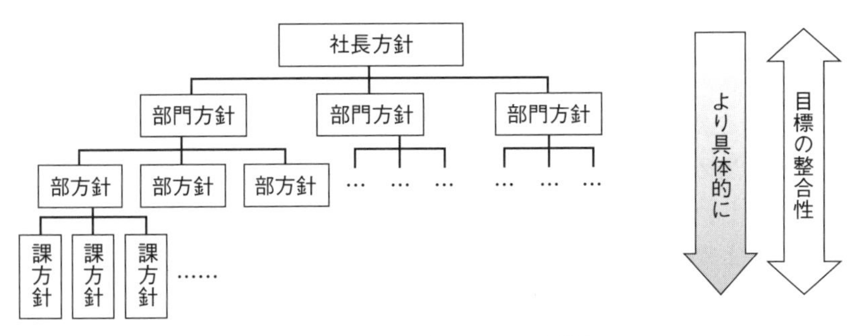

図 6.2　方針展開のイメージ図

④ 伝達方法やチェックポイント，チェック方法が明確化されていること

3）計画の実行とチェック，アクション

各部署にまで展開された年度方針は，実行計画書となって具体化され，実行に移される．そして，あらかじめ定めておいた管理点・管理基準を通して定期的にPDCAの管理のサイクルが回される．

4）トップ診断

トップの経営方針を各部署に展開したものであるため，経営トップは部下に任せきりにせず，定期的にトップの眼で診断を行わなければならない．

5）期末の反省

期末になったら年度の活動結果を集約し，反省して，その結果を次年度の経

営計画へ結びつける.

6.4 方針の達成度評価と反省

方針管理では，年度末に方針の達成度評価と反省を行う．問題点や課題を整理し，改善策も含めて評価を行う．方針達成度をなるべく数値化し，客観的に評価を行い，方針達成を共有するとともに，方針設定の問題点，実施における反省点，方針設定の阻害となった要因とその改善点などについて分析し，評価をまとめる．

評価結果を次期以降の方針管理にフィードバックさせることで，年度の方針管理は完了する．

演習問題

Q1 次の文章で，正しいものに○，正しくないものに × を解答欄にマークせよ．

① 日常管理は管理指標の維持・継続を目的としたものであるから，改善をはかる必要はない． [(1)]

② 方針は，適用期間の長さによって，基本方針（社是・社訓），中長期方針，年度方針などに分けられる． [(2)]

③ 方針管理は，到達目標を達成する方法を決める(＝仕事を標準化する)ことだから，プロセス重視の考え方といえる． [(3)]

④ 方針管理は，日常レベルを超えた改革をめざすものだから，挑戦的な高い目標を掲げた場合，実績との差があっても，とくに問題ではない． [(4)]

⑤ 購入部品のサプライヤー（供給業者）を変えた場合，市場で何か問題が発生しても，それはサプライヤーの責任なので，初期管理は必要ない． [(5)]

⑥ 点検項目である工程内検査が実施されていなかったが，管理項目である不適合品率が管理値内だったので，とくに処置する必要はない． [(6)]

Q2 次の文章において，［　　］内に入るもっとも適切なものを選択肢から１つ選び，その記号を解答欄にマークせよ．

方針管理は，企業の基本方針や経営理念に基づく［(1)］をもとに，各年度の方針を立案し，［(2)］方針のもと，全社一丸となって［(3)］の方針という課題を達成することをねらいとしている．

方針管理では，［(4)］よりもプロセスが重視される．そのため，方針を示す場合には，目標と［(5)］を合わせて示すことが必要である．

［(6)］は，作業標準などによって作業が安定して行われている状態か否かをチェックすることが目的である．

［(6)］は，現状を［(7)］する活動を基本とするが，さらに好ましい状態にする活動も含まれている．

【選択肢】

ア．PDCA	イ．方策	ウ．中長期計画	エ．改善意識
オ．部門別	カ．目的	キ．お客様満足度	ク．日常管理
ケ．初期流動管理	コ．方針管理	サ．トップ	シ．監督者
ス．結果	セ．判定	ソ．維持	タ．打破

解答と解説

Q1

(1) ×　日常管理とは，「各部門の担当業務について，その目的を効率的に達成するために日常行わなければならないすべての活動であって，現状を維持する活動を基本とするが，さらに好ましい状態へ改善する活動（日常改善）も含まれる」とされており，改善も必要である．

(2) ○

(3) ○

(4) ×　問題とは，「あるべき姿（望ましい状態）と現状との差のこと」である．したがって，どのような高い目標であっても，実績との差が問題であることには変わりはない．

(5) ×　サプライヤーから購入した部品であっても，ひとたび問題が発生すれば，それは自社の問題である．したがって，サプライヤーを変更した場合，初期管理（変化点管理）が必要である．

(6) × 日常管理はプロセスを重視する必要があり，結果が良くてもプロセスに問題があれば，ただちに処置しなければならない．

Q2

(1) ウ：中長期計画　(2) サ：トップ　(3) オ：部門別
(4) ス：結果　(5) イ：方策　(6) ク：日常管理
(7) ソ：維持

方針管理はTQMを導入している企業において，欠くことのできない経営管理システムの一つであり，単に目標値を割り付けるだけの目標管理と比べ，目標を達成するための具体的な方策を示す点で，よりプロセス重視の考え方といえる．

一方，方針管理で現状打破をはかっても，日常管理として定着しない場合は，しばらくすると元のレベルに戻ってしまう．したがって，日常管理は地道ではあるが，方針管理を支える大変重要な活動といえる．

7 日常管理

日常管理とは，組織のそれぞれの部門において日常的に実施しなければならない分掌業務について，その業務目的を効率的に達成するためのすべての活動である．日常管理を具体的に進める場合は，SDCA（Standardize，Do，Check，Act）サイクルに基づいて現状を維持する活動が基本となる．

7.1 業務分掌，責任と権限

日常管理においては，各部門が果たすべき役割や実施しなければならない事項は通常「業務分掌」によって定められる．したがって日常管理は各部門での業務分掌を基準とした改善も含めた維持管理の為の活動である．

業務分掌を明確にすることは日常管理を行ううえでの最初のステップとなる．そこでは以下の事項が重要である．

① それぞれの部門の分掌業務が何であるかを「業務分掌規程」などで確認する．また，その中で自部門に与えられた責任と権限を確認する．

② それぞれの分掌業務の目的を確認する．

③ 目的の達成度合いをはかる尺度としての管理項目及びその管理水準（目標）を明確にする．

7.2 管理項目(管理点と点検点)，管理項目一覧表

(1) 管理項目と点検項目

業務が，あるべき姿をめざしてうまく進んでいるかどうかを判断するためには，評価尺度を選定し，業務の節目ごとにチェックポイント（管理点）を設けて，定期的に評価尺度を観察していくことが重要である．管理とは，PDCAの管理のサイクルを回すことなので，評価尺度は計画（P）の段階から用意しておく必要がある．評価尺度には，通常，以下の２種類が用意される．

① 管理項目：目標達成を管理するために，業務の結果・できばえを見て判断する項目である．不適合品率や稼働率，納期遵守率などがこれにあたる．

② 点検項目：結果・できばえを作り出す原因に目を向けて，原因の一つひとつを点検していく項目である．管理項目を製品の不適合品率とした場合の点検項目には，作業ミス件数や作業環境のばらつき，原材料のばらつきなどがある．

管理点や管理項目・点検項目は，グラフやチェックシートを使って常に見える状態にしておくことが重要である．

(2) 管理項目一覧表

管理項目を一覧できるようにした表を「管理項目一覧表」という（表7.1）．これにより管理対象の項目とその方法を明確にすることができる．

管理項目の中でも特に問題となるような管理項目を重要管理項目といい，管理者は「管理項目一覧表」からこの重要管理項目を選定して日常管理にあたるのが一般的である．

表7.1 管理項目一覧表（例）

管理項目	管理水準	管理間隔	日常・方針	Q・C・D・S
工程内不良率	300ppm	毎日	日常管理	Q
生産数量	50,000個	毎月	方針管理	D
KY提案件数	10件	毎月	日常管理	S
工場内温度	27℃	毎日	日常管理	Q
残業時間	30分	毎日	日常管理	C
設備稼働率	80%	毎週	日常管理	D

注）Q，C，D，Sについては，5.3節を参照

7.3 異常とその処置

異常とはプロセスに何かが起こり，製品の品質などの結果が通常と異なる結果（悪い結果）になることである．

異常を発見した場合，的確な報告とタイムリーな対応が必要である．また，その対応は応急処置だけでなく再発防止を図ることも重要である．前者をより確実にするために，「報告フロー」を，後者のために「工程異常報告書」などの書式を用意しておくとよい．

7.4 変化点とその管理

4M（Man，Machine，Material，Method）を変更したとき，あるいは工程での管理特性値が変化（異常の発生など）したときを「変化点」という．

作業者（Man）が変わった，あるいは材料（Material）の購入先が変わったといった「変化」により安定状態であった工程で異常が発生（特性値が「変化」）することがある．このように，原因系あるいは結果系に「変化点」が生じたかどうかを監視し，早めに変化を把握し適切な処置を行うための管理を「変化点管理」といい，日常管理の活動での重要な要素である．

演習問題

Q1 **次の文章の［　　　］に入るもっとも適切なものを選択肢から１つ選び，その記号を解答欄にマークせよ．**

① 品質を継続的に維持するために，組織の各部門が日々行うべき［(1)］について，その目的や各部門の役割，［(2)］を明確にし，業務目的を効率的に達成するために日常実施するすべての活動を［(3)］という．

② 業務があるべき姿をめざしてうまく進んでいるかどうかを判断するために評価尺度を選定し，業務の節目ごとに設けるチェックポイントを［(4)］という．

③ 評価尺度には通常２種類あり，目標達成を管理するために業務の結果・できばえを見て判断する項目を［(5)］という．それに対して結果・できばえを作り出す原因に目を向けて，原因の一つひとつを確認していく項目を［(6)］という．

【選択肢】

ア．管理点　　イ．管理限界　　ウ．日常管理　　エ．方針管理
オ．分掌業務　　カ．作業標準　　キ．目標値　　ク．責任および権限
ケ．管理項目　　コ．点検項目

Q2 次の文章の ＿＿ に入るもっとも適切なものを選択肢から１つ選び，その記号を解答欄にマークせよ.

プロセスに何かが起こり，製品の品質などの結果が通常と異なる結果（悪い結果）になることを［(1)］という．工程で［(1)］を発見した場合には，ただちに［(2)］を講じて不良品の流出あるいは損失拡大といった問題をこれ以上大きくしないための対応を行うとともに，［(1)］の真の原因を調査し，明らかになった原因を除去し標準類の見直しを行う［(3)］が必要である．また，これらの活動を漏れなく実施するためのレポートとして［(4)］を用意するとよい．

【選択肢】
ア．応急処置　イ．再発防止　ウ．工程設計　エ．異常
オ．管理状態　カ．市場クレーム報告書　キ．工程異常報告書
ク．QC 工程表

Q3 次の文章の ＿＿ に入るもっとも適切なものを選択肢から１つ選び，その記号を解答欄にマークせよ.

材料，生産条件，設備，作業者の変更といった［(1)］が変更されたとき，あるいはそれまで安定状態にあった工程に異常が発生した様なときを［(2)］という．このような［(2)］が生じたかどうかを［(3)］し早めに把握して適切な処置を行うための管理を［(4)］という．

【選択肢】
ア．管理点　イ．変化点　ウ．4M　エ．5S　オ．5W1H
カ．監視　キ．点検　ク．改善活動　ケ．変化点管理
コ．教育・訓練

解答と解説

Q1

(1) オ：分掌業務　(2) ク：責任および権限　(3) ウ：日常管理
(4) ア：管理点　(5) ケ：管理項目　(6) コ：点検項目

(1), (2) 業務分掌においては役割，責任と権限を明確にする必要がある．

(3) 組織のそれぞれの部門において，日常的に実施しなければならない分掌業務について，その業務目的を効率的に達成するためのすべての活動が日常管理である．

(4) 業務のできばえを評価する評価尺度を基に定期的に観察するポイントを管理点という．

(5), (6) 日常での業務の結果・できばえを見て判断する項目を管理項目という．それに対し結果・できばえを作り出す原因に目を向けて原因の一つひとつを点検する項目を点検項目という．

Q2

(1) エ：異常　(2) ア：応急処置　(3) イ：再発防止
(4) キ：工程異常報告書

(1) 異常とはプロセスに何かが起こり，製品の品質などの結果が通常と異なる結果になることである．

(2)～(4) 異常発生時はまずは報告と被害拡大防止のための応急処置，その後異常の再発を防止するための再発防止策を行う．異常発生の記録，応急処置，再発防止策を漏れなく実施し徹底するために“工程異常報告書”といった所定の書式の報告書があると便利である

Q3

(1) ウ：4M　(2) イ：変化点　(3) カ：監視
(4) ケ：変化点管理

(1) 工程を管理する際，変動要因として4M（Man，Machine，Material，Method）の管理が重要である．

(2) 4Mが変化したときあるいは結果系の特性値に異常が発生したときを変化点という．

(3)～(4) 4Mの変化（原因系）あるいは異常の発生（結果系）といった「変

化点」が生じたかどうかを監視し，早めに変化を把握し適切な処置を行う一連の管理を“変化点管理”という．

8 標準化

品質管理は，消費者の要求している品質の製品を経済的かつタイミングよく製造するための組織的活動である．この活動を社内で効率的に全部門が協力し合って進めるために重要となるのが標準化である．

標準化の活動は，業務の進め方について，もっとも効率的な方法を関係者で相談して取り決め，それに基づいて仕事を進める活動である．このような活動により消費者の要求する品質の製品を安定的に作り続けることが可能となる．

8.1 標準化の目的と意義・考え方

標準とは，関係する人々の間で利益または利便が公正に得られるように統一・単純化をはかる目的で，物体・性能・手順・方法・概念などについて定めた取り決めである．

製品・サービスの品質を均一に維持するために，何を作るのか・提供するのか（品質標準，規格），どのように作るのか・提供するのか（原材料・部品の規格，技術標準，作業標準）などを取り決め（標準），繰り返して使用するための規定を確立することを標準化という．

標準化とは，標準を設定し，これを組織的に活用する行為である．

標準化のおもな目的として，以下のものがある．

① 目的との合致（製品またはサービスが所定の機能・性能を果たす）

② 互換性の確保（ボルト，ナット，蛍光灯のように寸法・形状・機能が品種ごとに統一されており，容易に他のものと置き換えが可能）

③ 多様性の調整（品種が増えることにより複雑化・混乱を招かないように製品・方法の種類を最適な数に抑制すること．例：乾電池の大きさを単1～単5に規定など）

④ 安全性の確保（容認できない傷害のリスクがないこと）

⑤ 環境の保護

⑥ 製品の保護（使用・輸送・保管中の保護）

また，標準を適用範囲で分類すると，国際規格，地域規格，国家規格，団体規格，社内標準に分類される．

8.2 社内標準化の目的と意義

会社・工場での業務を効率的に進め，顧客の求める品質の製品を安定的に作り続けるために，標準は重要である．

この（社内）標準を設定し，社内で活用することを社内標準化という．これを効果的に進めるには，経営方針と長期的な展望に基づいた組織的な活動が必要である．

(1) 社内標準化の目的と効果は次の７つにまとめられる．
　①品質の安定と向上　②コスト低減　③業務効率化　④円滑な情報伝達
　⑤安全・健康の確保　⑥技術の蓄積　⑦消費者および社会への利益貢献

(2) 社内標準の分類体系は，業種，企業規模，組織などによって異なるが，一般的には，その内容により，“規定・規格・仕様・技術標準・作業標準・要領”といったものに分類される．

(3) 社内標準の作成および標準化を進めるうえでの留意点として，以下の事項がある．
　① 経営方針・長期展望に基づいた標準化の活動であること
　② 実行可能なものであること
　③ 内容が具体的で成文化された形で，誰が見ても正しく理解できるものであること
　④ 関係者の合意のもとで決められたものであること
　⑤ 常に最新版として維持管理されていること
　⑥ 公的規格と整合性がとれていること
　⑦ 技術の蓄積がはかられるような仕組みになっていること

(4) 作業標準とは「作業条件，方法，管理方法，使用材料，設備，注意事項などに関する基準を規定したもの」と定義され，良い品質の製品を安く，速く，楽に作るために正しい作業のやり方と行動を規定したものである．

8.3 工業標準化，国際標準化

(1) 国家規格とは

国家的に認められた機関によって制定され，国内で適用される規格を国家規

格という．

我が国においては工業標準化法に基づいた国家規格として，鉱工業品を対象にした日本工業規格（JIS）制度がある．

JIS は主に次の 3 種類に分けられる．

① 基本規格—用語，記号，単位などを規定したもの

② 方法規格—試験，分析，検査及び測定方法などを規定したもの

③ 製品規格—製品の形状，寸法，材質，機能，性能など満たさなければならない要求事項について規定したもの

また，特に工業分野における標準化を“工業標準化”という．

(2) 国際標準化とは

国際的組織で制定され，国際的に適用される規格を国際規格という．この国際規格を各国が協力して作成し運用を図ることを国際標準化という．

国際標準化を行う代表的な機関として ISO（国際標準化機構）あるいは IEC（国際電気標準会議）などがある．

演習問題

Q1 次の文章で，正しいものに○，正しくないものに × を解答欄にマークせよ．

① 標準とは，物・性能・方法・手続きなどに関して，統一・単純化をはかる目的のために定めた取り決めである． (1)

② 標準は，それを設定することにより特定の会社や一部の人々の利益または利便をはかることを目的としている． (2)

③ 標準化の活動とは，標準（取り決め）を設定し，成文化することが目的である． (3)

④ 標準の中で設定された規格，管理水準などの値のことを，とくに標準値という． (4)

Q2 次の文章において，[　　] 内に入るもっとも適切なものを選択肢から 1 つ選び，その記号を解答欄にマークせよ．

標準化の目標として，以下のものがあげられる．

① [(1)] との合致

② [(2)] （要求仕様を満たし，他のものと置き換え可能な状態）

③ [(3)] の調整（品種の抑制）

④ [(4)] （容認できない傷害のリスクがない）

⑤ [(5)] の保護（使用・輸送・保管中の保護）

【選択肢】

ア．環境　イ．製品　ウ．安全性　エ．利益　オ．互換性
カ．目的　キ．差別化　ク．多様性　ケ．単純化

Q3 次の文章において，[ ] 内に入るもっとも適切なものを選択肢から１つ選び，その記号を解答欄にマークせよ．

① 社内標準化とは，企業の内部で，その企業活動を [(1)] かつ円滑に遂行するために，社内関係者の [(2)] によって，[(3)]，合理的な方法により社内標準を設定し，それを [(4)] が守り活用するといった [(5)] な行為であり，今日の企業においては，もっとも基本的な経営手段の一つである．

【選択肢】

ア．効率的　イ．継続的　ウ．合意　エ．勘と経験
オ．組織的　カ．関係者全員　キ．作業担当者　ク．客観的
ケ．専門的

② 社内標準化の目的は以下の７つがあげられる．

・製品のばらつき低減による [(6)] の安定と向上
・部品・製品の互換性向上による [(7)] 低減
・仕事のやり方の統一や，ルール化による [(8)]
・カタログ，仕様書により買手に対しての製品に関する [(9)] の手段
・設備保全や災害予防の確立による [(10)]，健康および生命の保護
・個人のノウハウを，企業のノウハウとすることによる [(11)]

・消費者および共同社会の利益

【選択肢】

ア．コスト　　イ．品質　　ウ．情報伝達　　エ．生活
オ．安全・衛生　　カ．環境　　キ．業務効率化　　ク．簡素化
ケ．利益確保　　コ．技術の蓄積

Q4 次の文章で，正しいものに○，正しくないものに×を解答欄にマークせよ．

① 社内標準化の活動は組織的行為であり，経営方針に基づき全社的に進めなければならない． (1)

② 社内標準は，頻繁に改訂すると混乱しやすいので，一定期間ごとにまとめて改訂することが望ましい． (2)

③ 社内標準化を進める場合，制定すべき標準の脱落や重複が生じないように，社内標準の分類体系を明確にしてから進める必要がある． (3)

④ 社内標準化の推進においては，方針および標準の周知徹底をはかるための教育・訓練と，標準化意識の徹底のための啓蒙活動が必要である． (4)

⑤ 社内標準は，その標準を使用する特定の人のみが理解できる内容であればよい． (5)

⑥ 社内標準は，その標準を使用する部門の管理者のみで決めることが望ましい． (6)

⑦ 社内標準は，自社の現状から考えて実行不可能な内容であっても，常に高い目標を設定して規格などを制定することが望ましい． (7)

⑧ 社内標準は，社内のみで使用する標準であるので，ISO や JIS 規格などの国際規格，国家規格，団体規格との整合性は不要である． (8)

⑨ 標準化を日常業務に定着させ効果を出すためには，標準化を推進する事務局などのスタッフが中心となって進めるものではなく，その標準を実際に使用する部門が主体となって進めなければならない． (9)

Q5 次の文章において，［　　］内に入るもっとも適切なものを選択肢から１つ選び，その記号を解答欄にマークせよ．

① 標準化の中で特に工業分野における標準化を［(1)］という．我が国では法律に基づき鉱工業品に関する国家規格として［(2)］が制定されている．［(2)］は主に次の３つに分けられる．

・［(3)］—用語，記号，単位などを規定したもの
・［(4)］—試験，分析，検査及び測定方法を規定したもの
・［(5)］—形状，寸法，材質，機能，性能など満たさなければならない要求事項について規定したもの

② 国際的組織で制定され，運用される規格を［(6)］といい，各国が協力して［(6)］を作成し運用していくことを［(7)］という．［(7)］を推進する代表的な国際機関として［(8)］（国際標準化機構）がある．

【選択肢】

ア．製品規格	イ．方法規格	ウ．基本規格	エ．工業標準化
オ．社内標準化	カ．国際標準化	キ．JIS	ク．JAS
ケ．ISO	コ．IEC	サ．IOC	シ．国家規格
ス．地域規格	セ．国際規格		

解答と解説

Q1

(1) ○

(2) ×　標準は，それを使う人々の間での”公正”な利益と利便をはかることを目的として設定される．

(3) ×　標準化の活動には，標準を設定するだけではなく，設定した標準を組織的に活用する行為も含まれる．

(4) ○

Q2

(1) カ：目的

製品またはサービスが所定の機能・性能を果たす能力．

(2) オ：互換性

(3) ク：多様性

製品・方法またはサービスの形式を最適な数に設定する．

(4) ウ：安全性

(5) イ：製品

使用・輸送あるいは保管中の製品を，気候あるいはその他の有害な条件から守る．

Q3

(1) ア：効率的　(2) ウ：合意　(3) ク：客観的

(4) カ：関係者全員　(5) オ：組織的　(6) イ：品質

(7) ア：コスト　(8) キ：業務効率化　(9) ウ：情報伝達

(10) オ：安全・衛生　(11) コ：技術の蓄積

社内標準化とは，企業活動を効率的かつ円滑に遂行するための手段として関係者の合意によって制定し，それを活用する組織的活動である．その目的としては，品質向上，コスト低減，業務効率向上，情報伝達の的確化，安全・健康の確保と維持，技術の蓄積，安全・信頼性の確保された製品の供給による消費者および社会への利益貢献があげられる．

Q4

(1) ○　社内標準化は全社的な活動であり，経営方針→推進体制の確立→対象の明確化→業務の解析→改善案立案→標準化→実施→標準の見直し→品質監査 といったサイクルで，組織的に進めなければならない．

(2) ×　標準は日常的に使用されるものであり，全員に活用され効果を上げるためには，必要に応じた改廃を迅速に行い，常に最新の状態に維持管理されていなければならない．

(3) ○

(4) ○

(5) ×　標準は多くの人が利用し，そこに記載された内容に従って仕事をするので，誰が見てもその内容が理解でき，わかりやすい内容であることが必要である．

(6) ×　社内標準が積極的に活用され，効果を上げるためには，その標準に関係する人々の合意によって決められたものであることが必要である．

(7) ×　実行不可能な標準を制定しても，その標準は使われず終わることになる．現状をベースに実行可能な標準を制定し，段階的に改善を行った後，より高い標準の制定をすることが望ましい．

(8) ×　社内標準間の整合は当然のこととして，国際規格，国家規格などと矛盾がなく，整合のとれたものでなければならない．

(9) ○

Q5

(1) エ：工業標準化　(2) キ：JIS　(3) ウ：基本規格
(4) イ：方法規格　(5) ア：製品規格　(6) セ：国際規格
(7) カ：国際標準化　(8) ケ：ISO

(1)，(2) 工業分野における標準化を“工業標準化”といい，工業標準化法に基づいて鉱工業品を対象にした日本工業規格（JIS）制度がある．

(3)～(5) JIS は基本規格，方法規格，製品規格の3つに大別される

(6)～(8) 国際的組織で制定され国際的に適用される規格を国際規格といい，各国が協力して作成し運用を図ることを国際標準化という．この活動を推進する代表的な国際機関として ISO（国際標準化機構）あるいは IEC（国際電気標準会議）などがある．

9 小集団改善活動

9.1 小集団改善活動(QCサークル活動)とその進め方

小集団改善活動とは，小集団（通常10人以下）によりグループを構成し，そのグループ活動を通じて構成員の労働意欲を高めて，企業の目的を効率的に達成しようとするもので，経営参加の有力な方法である．

また，小集団は同じ職場の人たちが集まる職場別グループと，同じ業務目的の人たちが集まる目的別グループの2つの形がある．

(1) プロジェクトチーム（目的別グループ）

ある特定のプロジェクトに対して，現在の組織の枠を越えて，もっとも適切なメンバーを集めて作ったチームのことを示す．プロジェクトの進行に伴って編成を変え，完了時にはチームを解散することが多い．軍隊用語の「タスクフォース」は同義語である．

プロジェクトチームは複数の部門から選ばれた人たちで構成されるため，各々の上司と，プロジェクトチームのリーダーの意見が合わないと弊害が発生する．したがって，プロジェクトチームが成果を遂げるためには，各々の上司を総括する立場の人のリーダーシップが重要である．

(2) QCチーム

プロジェクトチームのうち，品質に関する重要問題について，その問題を解決していく組織のことをとくにQCチームと呼んでいる．

(3) QCサークル（職場別グループ）

1962年に日本で始められ，職場の第一線で働く人々が，継続的に製品・サービス・仕事などの質の管理・改善を行う小グループの活動である．職場別グループなので職場が続く限り活動が継続される．

『QCサークルの基本』（QCサークル本部編，日本科学技術連盟）では，活動を以下のように定義している．

QC サークル活動とは

QC サークルとは，
　　第一線の職場で働く人々が
　　継続的に製品・サービス・仕事などの質の管理・改善を行う
小グループである．

この小グループは，
　　運営を自主的に行い
　　QC の考え方・手法などを活用し
　　創造性を発揮し
　　自己啓発・相互啓発をはかり
活動を進める．

この活動は，
　　QC サークルメンバーの能力向上・自己実現
　　明るく活力に満ちた生きがいのある職場づくり
　　お客様満足の向上および社会への貢献
をめざす．

経営者・管理者は，
　この活動を企業の体質改善・発展に寄与させるために
　　人材育成・職場活性化の重要な活動として位置づけ
　　自ら TQM などの全社的活動を実践するとともに
　　人間性を尊重し全員参加をめざした指導・支援
を行う．

QC サークル活動の基本理念

人間の能力を発揮し，無限の可能性を引き出す．
人間性を尊重して，生きがいのある明るい職場をつくる．
企業の体質改善・発展に寄与する．

QCサークルは継続的なグループなので，長期的な視野で活動を進めることができるとともに，サークル員の教育・能力開発や改善意識づくりなど，多くの利点を備えている．また，多くの企業に様々なサークルがあり，改善発表会などにより他社の人たちと情報交換できることも大きなメリットである．

反面，継続的な組織だけにマンネリ化に留意する必要がある．リーダーは，外部情報の取り入れや，管理者・経営者の意見を伺うことにより，常に新しい取組みを行うように心がける必要がある．一方，管理者・スタッフとしては，活動を積極的に指導・支援するとともに，改善発表会などに必ず参加して労をねぎらうよう配慮することも重要である．

演習問題

Q1 **次の文章で，正しいものに○，正しくないものに × を解答欄にマークせよ．**

① 小集団改善活動を行うには10人以上の従業員でグループを構成しなければならない． [(1)]

② 小集団改善活動は，そのグループ活動を通じてメンバーの労働意欲を高めて，企業の目的を効率的に達成しようとするもので，経営参加の有力な方法である． [(2)]

③ QCサークルは，1962年にアメリカで始められた． [(3)]

解答と解説

Q1

(1) × 小集団改善活動を行うには，10人以上の従業員でグループを構成しなければならないとは定められていない．10人以上のように多人数になると，全員が集まりにくい，会合で意見が出にくい，あるいは，全体がまとまりにくい，行動が遅くなるなどの問題が出やすくなる．

(2) ○

(3) × QCサークルは，1962年に日本で始められた．

⑩ 人材育成

10.1 品質教育とその体系

(1) 品質教育

品質教育とは，顧客や社会ニーズを満たす製品・サービスを効果的かつ効率的に達成するうえで必要となる品質に関する基本的な考え方，知識及び技能を組織の全員が身に付けるために行う体系的な人材育成の活動である．

品質教育では長期的視点からの人材育成が重要であり，人材育成計画を策定し，その計画に準拠して継続的に教育を実施していかなければならない．

(2) 品質教育の方法

品質教育の方法として，日常業務を通して計画的に行うOJT（職場内教育訓練），職場を離れてセミナーなどによるOFF-JT（職場外教育訓練）などがある．

(3) 品質教育と体系

組織全員への体系的な教育を進める方法として，教育対象を階層別（経営トップ，部課長，係長，職組長，班長，一般職員など）に分けて教育訓練する階層別教育訓練，あるいは販売・技術などの専門別に必要とされる知識・技能について教育訓練を行う職能別教育訓練がある．表10.1に階層別品質教育の例を示す．

表 10.1　階層別の品質教育の例

階層	ねらい	方法
経営トップ	・全社的品質管理を推進する上で経営者として必要な知識・考え方の習得	・役員研修会など
部課長	・管理者として必要な品質管理の基本的な知識，考え方の習得 ・品質に関する方針管理・日常管理の考え方・展開方法などの習得	・部課長研修会 ・経営トップによる診断など
係長	・“係”の管理者として必要となる品質管理の基本的な知識 ・統計的手法，改善プロセスの理解と指導力の向上など	・手法，管理・監督者向けのセミナー ・改善活動の指導など
班長	・第一線監督者として職場における品質管理推進に必要な知識の習得 ・日常的な現場の問題解決力の習得 ・QC サークルの指導・育成方法の習得など	・手法，管理・監督者向けのセミナー ・QC サークルのリーダー的役割りでの参画など
一般職員	・品質管理の基本的な考え方，品質管理導入の必要性，日常業務との関連の理解など	・品質管理の入門セミナー ・QC サークル実践セミナー ・QC サークルへの参画など

演習問題

Q1　**次の文章の［　　］に入るもっとも適切なものを選択肢から１つ選び，その記号を解答欄にマークせよ．**

① 品質教育とは，顧客や社会ニーズを満たす製品・サービスを効果的かつ効率的に達成するうえで必要な品質に関する基本的な考え方，知識及び技能を［(1)］が身につけるために行う［(2)］な人材育成の活動である．

② 品質教育の方法として，職場での日常業務を通して計画的に行う［(3)］と，職場を離れて行われるセミナーなどによ

る [(4)] がある．

③ 教育を受ける対象を，経営トップ・部課長・班長・新入社員などに分けて，各対象が持たなければならない知識・技能を明確にし，教育・訓練する方法を [(5)] という．また，販売・技術などの部門・専門別に実施する教育・訓練を [(6)] という．

【選択肢】

ア．職能別教育訓練　イ．階層別教育訓練　ウ．OFF-JT　エ．OJT
オ．通信教育　カ．組織全員　キ．品質管理要員
ク．体系的　ケ．部分的

解答と解説

Q1

(1) カ：組織全員　(2) ク：体系的　(3) エ：OJT
(4) ウ：OFF-JT　(5) イ：階層別教育訓練
(6) ア：職能別教育訓練

(1)，(2) 品質教育は組織全員を対象に，人材育成計画に基づいて体系的に実施する必要がある．

(3)，(4) 教育訓練の方法として，職場での日常業務を通じて行うOJTと職場外でのセミナー参加などによるOFF-JTがある．

(5)，(6) 組織全員への教育訓練において，その対象の分け方として階層で分ける方法と職能（部門）で分ける方法があり，各々階層別教育訓練，職能別教育訓練という．

⑪ 品質マネジメントシステム

品質マネジメントの原則及び品質マネジメントシステム（ISO 9001）の歴史，基本的事項を理解する．本章では必要に応じて品質マネジメントシステムをQMS（Quality Management System）と記す．

11.1 品質マネジメントの原則

品質マネジメントの原則に関しては，ISO 9004：2008において8原則として記述されていたが，ISO 9000：2015では，昨今社会状況の変化を取り入れ，QMSの構築・発展に用いる基本概念及び原則が示されている．表11.1に，品質マネジメントの原則とその主な説明，根拠，便益，取り得る行動を簡単に示す（詳細はISO 9000：2015 pp.2～8参照）．

11.2 ISO 9001

(1) ISO 9001の歴史

ISO 9001（規格）の初版は，1987年に「品質システム－設計・開発，製造，据付における品質保証のためのモデル」として発行され，設計・開発を含むモデルと設計・開発を含まないモデル及び検査に特化したモデルを，それぞれISO 9001，ISO 9002，ISO 9003として発行された．これらは国内では，JIS Z 9901，JIS Z 9902，JIS Z 9903となった．その後，1994年に第2版が発行され，2000年に第3版が発行された．2000年の改定では，システムの呼び名が，それまでの品質システムから品質マネジメントシステムになり，またこのときにISO 9001，ISO 9002，ISO 9003の3つの規格がISO 9001に一本化され，その代わりにISO 9001の箇条7における要求事項で自組織に該当しない要求事項に対しては，適切な理由があることを条件として，当該要求事項の適用除外が宣言できるようになった．第4版は2008年に発行された．さらに2015年9月に第5版が発行され，2015年11月20日にJISとなってJIS Q 9001：2015が発行された．今回の改定では，昨今の状況から，品質マネジメントシステム（ISO 9001）と環境マネジメントシステム（ISO 14001）の両方の規格の構造

表 11.1　品質マネジメントの原則

原則	説明	根拠	便益	行動
顧客重視	QMS は顧客の要求事項を満たすこと及び顧客の期待を超える努力をすること	顧客の現在及び将来のニーズを理解することは，組織の持続的成功に寄与する	顧客満足の増加	顧客のニーズ及び期待を組織全体に伝達する
リーダーシップ	すべての階層のリーダーは人々が品質目標の達成に積極的に参加する状況を作る	人々の積極的参加によって，目標の達成に向けて戦略，方針，プロセス及び資源を密接に関連づけることができる	望む結果を出せるような，組織及び人々の実現能力の開発及び向上	組織の使命，ビジョン，戦略，方針及びプロセスを組織全体に周知する
人々の積極的参加	組織内のすべての階層にいる，力量があり，権限を与えられ，積極的に参加する人々が，価値を創造し提供する組織の実現能力を強化する	人々の貢献を認め，権限を与え，力量を向上させることによって，品質目標達成への積極的な参加が促進される	組織の品質目標に対する人々の理解の向上，及び達成するための意欲の向上	各人の貢献の重要性を促進するために，人々とコミュニケーションを行う
プロセスアプローチ	活動を首尾一貫したシステムとして機能する相互に関連するプロセスと理解し，マネジメントすることによって，予測可能な結果が効果的に達成できる	システムをプロセスで構成することによって，パフォーマンスを最適化できる	主なプロセス及び改善のための機会に注力する能力の向上	プロセスのアウトプット及び QMS の成果に影響を与えるリスクの管理
改善	成功する組織は，改善に対して，継続して焦点を当てている	改善は，組織が内外の状況の変化に対応し，新たな機会を創造するために必要	プロセスパフォーマンス，組織の実現能力及び顧客満足の改善	組織のすべての階層において改善目標の設定を促す
客観的事実に基づく意志決定	データ及情報の分析に基づく意志決定によって，望む結果が得られる可能性が高まる	意志決定は複雑なプロセスとなる可能性があり，何らかの不確かさを伴う．客観的事実，根拠及びデータ分析は，意志決定の客観性及び信頼性を高める	意志決定プロセスの改善	組織のパフォーマンスを示す主な指標を決定し，測定し，監視する
関係性管理	持続的成功のために，密接に関連する利害関係者との関係をマネジメントする	持続的成功は組織のパフォーマンスに対する利害関係者の影響を最適化するように関係をマネジメントすると達成しやすくなる	製品及びサービスの安定した流れを提供する，管理されたサプライチェーン	マネジメントする必要のある利害関係者との関係を明確にし，優先順位をつける

及び要求事項を一元化し使いやすくしている．

(2) JIS Q 9001：2015 の概要

1) 今回の改定の趣旨

—今後 10 年以上を見据え，2000 年の大改定以降の品質マネジメントシステムの慣行及び技術の変化を考慮し，今後 10 年以上にわたって安定して利用できる要求事項のコアセットを提供する．

—ますます複雑で，厳しく，動的になる，組織の事業環境の変化を反映する．

—組織による効果的な実施，並びに第一者，第二者及び第三者による効果的な適合性評価を容易にする．

—要求事項を満たしている組織への信頼感を与えられるような規格とする．

2) 序文

JIS Q 9001：2015 では，これまでの規格と同様，品質マネジメントの原則及びプロセスアプローチを基本におき，それに加えて，PDCA サイクルを用いること，及びリスクに基づく考え方を導入している．

① PDCA サイクル

JIS Q 9001：2015 における，箇条 4 ～箇条 10 と PDCA サイクルとの関係を図 11.1 に示す．なお，図中の（　）内の数字は，規格の箇条番号を示す．

『JIS Q 9001：2015』序章「0.3.2　PDCA サイクル」では，PDCA サイクルを以下のように説明している．

Plan	：システム及びそのプロセスの目標を設定し，顧客要求事項及び組織の方針に従った結果を出すために必要な資源を用意し，リスク及び機会を特定し，かつそれらに取り組む．
Do	：計画されたことを実行する．
Check	：方針，目標，要求事項及び計画した活動に照らして，プロセス並びにその結果としての製品及びサービスを監視し，測定し，その結果を報告する．
Act	：必要に応じてパフォーマンスを改善するための処置をとる．

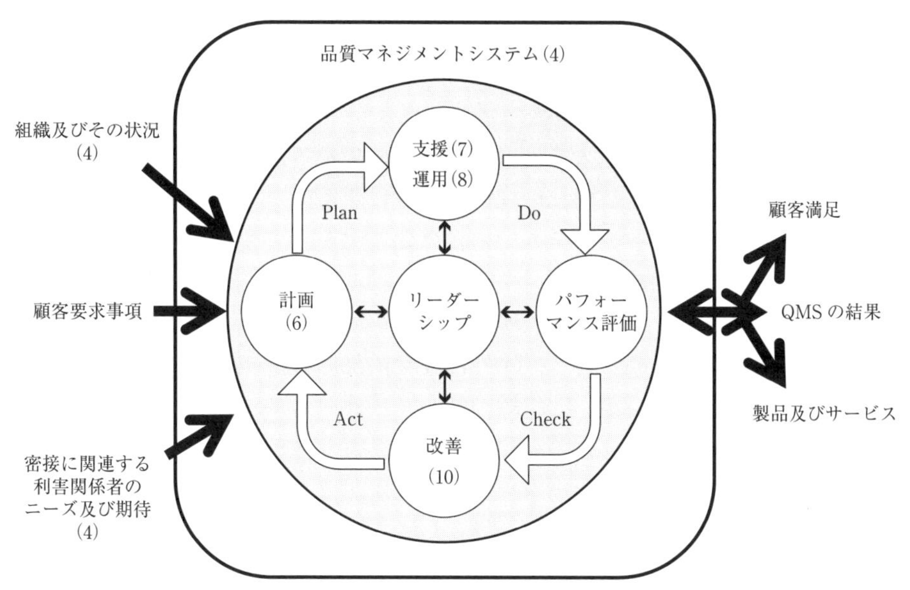

(出典)『JIS Q 9001：2015』，序文，図2

図 11.1　PDCA サイクルを使った，この規格の構造の説明

3)　リスクに基づく考え方

『JIS Q 9001：2015』序章「0.3.3　リスクに基づく考え方」によると，リスクに基づく考え方は以下のようなものである．

> 組織は，この要求事項に適合するために，リスク及び機会への取組みを計画し，実施する必要がある．リスク及び機会の双方への取組みによって，品質マネジメントシステムの有効性の向上，改善された結果の達成，及び好ましくない影響の防止のための基礎が確立する．
>
> 機会は，意図した結果を達成するための好ましい状況，例えば，組織が顧客を引き付け，新たな製品及びサービスを開発し，無駄を削除し，又は生産性を向上させることを可能にするような状況の集まりの結果として生じることがある．機会への取組みには，関連するリスクを考慮することも含まれ得る．リスクとは，不確かさの影響であり，そうした不確かさは，好ましい影響又は好ましくない影響を持ち得る．リスクから生じる，好ましい影響への乖離は，機会を提供し得るが，リスクの好ましい影響の全てが機会をもたらすとは限らない．

4)　JIS Q 9001：2015 の要求事項（図 11.1 の PDCA サイクルの順）

①　PDCA サイクルを回す前準備

規格要求事項　箇条 4：組織の状況

—品質マネジメントシステムの意図した結果を達成する組織の能力に影響を与える，外部及び内部の課題を明確にする．

—品質マネジメントシステムに密接に関連する利害関係者及び利害関係者の要求事項を明確にする．

—品質マネジメントシステムの適用範囲を決定する．

適用範囲を決めるとき，①外部及び内部の課題，②密接に関連する利害関係者の要求事項，③組織の製品及びサービス　を考慮しなければならない．組織は，自らの品質マネジメントシステムの適用範囲への適用が不可能である規格要求事項に関しては，その正当性を示さなければならない．（適用除外は可能）

—プロセスアプローチの適用

②　リーダーシップについて

規格要求事項　箇条 5：リーダーシップ

—トップマネジメントは品質マネジメントシステムに対する，リーダーシップとコミットメントを実証する．

—品質方針の確立，顧客重視に関するリーダーシップ

—トップマネジメントは，関連する役割に対して，責任と権限を割当てられ，組織内に伝達されることを確実にする．

③　Plan

規格要求事項　箇条 6：計画

—取り組むべきリスク，機会を決定する

—品質目標及び達成するための計画策定

④　Do

規格要求事項　箇条 7：支援

—資源の提供（人的資源，インフラ，環境，監視・測定，知識）

組織の知識とは，プロセスの運用を確実にし，製品及びサービスの適合を達成するために，組織が維持する知識を意味し，それらを管理することを要求している．

—力量，認識

—コミュニケーション

—文書化した情報

規格要求事項　箇条8：運用

—顧客とのコミュニケーション

—製品及びサービスに関する明確化とレビュー

—設計・開発

—外部から提供されるプロセス，製品及びサービスの管理（購買）

—製造及びサービス提供

—識別及びトレーサビリティ

—顧客又は外部提供者の所有物

—保存

—引き渡し後の活動

—変更の管理

—不適合なアウトプットの管理

⑤　Check

規格要求事項　箇条9：パフォーマンス評価

—顧客満足

—分析及び評価

—内部監査

—マネジメントレビュー

⑥　Act

規格要求事項　箇条10：改善

—不適合及び是正処置

5)　箇条1～箇条3

箇条1～箇条3は，品質マネジメントシステムを構築するうえでの必要事項であり，以下に記す．

規格要求事項　箇条1：適用範囲

－ JIS Q 9001：2015 規格には汎用性があり，業種・形態，規模又は提供する製品及びサービスを問わずあらゆる組織に適用できる．

規格要求事項　箇条2：引用規格

－ JIS Q 9000：2015 品質マネジメントシステム－基本及び用語

規格要求事項　箇条3：用語及び定義

－ JIS Q 9000：2015 による

(3) 参考：プロセスの考え方

図 11.2 に，プロセスの要素とその相互作用を示す．

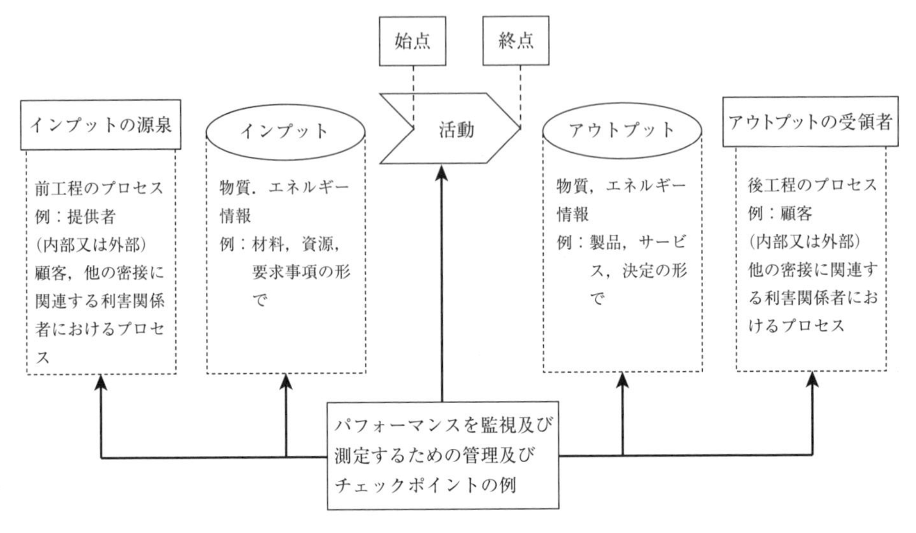

(出典)『JIS Q 9001：2015』，序文，図 2

図 11.2　単一プロセスの要素の図示

1)　プロセス

『JIS Q 9000：2015』では，プロセスを次のように定義している．

3.4.1　プロセス

インプットを使用して意図した結果を生み出す，相互に関連する又は相互に作用する一連の活動．

注記 1　プロセスの“意図した結果”を，アウトプット，製品又はサービスのいずれと呼ぶかは，それが用いられている文脈による．

注記 2　プロセスへのインプットは，通常他のプロセスからのアウトプットであり，また，プロセスからのアウトプットは，通常，他のプロセスへのインプットである．

注記 3　連続した二つ又はそれ以上の相互に関連する及び相互に作用するプロセスを，一つのプロセスと呼ぶこともあり得る．

注記 4　組織内のプロセスは，価値を付加するために，通常，管理された条件の下で計画され，実行される．

注記５　結果として得られるアウトプットの適合が，容易に又は経済的に確認できないプロセスは，“特殊工程”と呼ばれることが多い．
注記６　この用語又は定義は，ISO/IEC 専門業務用指針－第１部：統合版 ISO 補足指針の附属書 SL に示された ISO マネジメントシステム規格の共通用語及び中核となる定義の一つを成す．ただし，プロセスの定義とアウトプットの定義との間の循環を防ぐため，元の定義を修正した．また，元の定義にない注記１～注記５を追加した．

11.3 マネジメントシステム監査

(1) 監査の種類

マネジメントシステムの監査には，３種類ある．

第一者監査：組織内部で，監査をすること．通常，内部監査といわれている．

第二者監査：ある組織が，特定の組織（外部提供者など）を監査すること．

第三者監査：認定された審査登録機関が審査を行い，登録証を発行する．

注：1)　提供者：JIS Q 9001：2008（第４版）では，「供給者」と表現していた．

2) 第三者監査：通常，第三者（認証）審査という．

3) 国内で JAB から認定された審査登録機関は，現在約 40 機関．

(2) 第三者認証審査

第三者認証審査とは，上記の種類のうちの第三者監査のことで，一般に ISO 審査といわれるものである．日本においては，日本適合性認定協会（JAB）が，審査登録機関を認定し，認定された審査登録機関は，審査登録を希望する組織の「品質マネジメントシステム」をルールに従って審査を実施し，監査基準に適合した組織を認証して，公表するものである．

認証を受けることによって，当該組織の品質マネジメントが，適切に機能していることが証明できる．

認証を受けた後は，原則として，年１回運用の状況やシステムの改善状況を確認するために，サーベイランスがあり，また，認証の有効期間は3年間であり，3年ごとに，再認証審査を受審する必要がある．

(3)　監査に必要な用語と定義（出典　JIS Q 19011：2012）

監査：監査基準が満たされている程度を判定するために，監査証拠を収集し，それを客観的に評価するための体系的で，独立し，文書化されたプロセス．

監査基準：監査証拠と比較する基準として用いる一連の方針，手順又は要求事項．

監査証拠：監査基準に関連し，かつ，検証できる，記録，事実の記述又はその他の情報．

監査所見：収集された監査証拠を，監査基準に対して評価した結果．

監査結論：監査目的及び全ての監査所見を考慮した上での，監査の結論．

演習問題

Q1　次の文章は品質マネジメントシステムについて述べたものである．正しい文章には○を，誤りの文章には × を（　　）の中に記入しなさい．

① ISO 9001は，1987年に初版が発行された．（　　）

② JIS Q 9001は，2008年版からシステムの呼び名が，「品質システム」から「品質マネジメントシステム」になった．（　　）

③ JIS Q 9001：2008は，組織の大きさに関係なく使用できる規格である．（　　）

④ JIS Q 9001：2015では，要求事項の適用除外はできなくなった．（　　）

⑤ JIS Q 9001：2015　に関する用語の手引きを用いるときは，JIS Q 9000：2015を用いなければならない．（　　）

⑥ マネジメントシステムは一度認証を受けてしまうと，システムを改訂してはならない．（　　）

⑦ JIS Q 9001：2015は，製造業向けの規格であり，サービス業には使用できない．（　　）

⑧　JIS Q 9001：2015は，リスクに基づく考え方を取り入れている．
（　　　）

⑨　JIS Q 9001：2015は，PDCAサイクルを用いている．（　　　）

⑩　JIS Q 9001：2015は，計画を立案するに当たって，取り組むべきリスクと機会を決定し，それをベースとして品質目標を設定する．
（　　　）

Q2

品質マネジメントシステムには品質マネジメントの原則がベースになっている．下記の（　　　　　）内に下記の語群から適切な語句を選んで記入しなさい．

—顧客①（　　　　）
—リーダーシップ
—人々の積極的②（　　　　）
—③（　　　　　）アプローチ
—改善
—④（　　　　　　）に基づく意志決定
—関係性管理

語群

客観的事実　　プロセス　　重視　　参加

Q3

次の文章は品質マネジメントシステム（QMS）について述べたものである．正しい文章には○を，誤りの文章には×を（　　　）の中に記入しなさい．

①　ISO 9001に適合した品質マネジメントシステムを構築する際には，自組織の都合で規格要求事項を無条件で適用除外できる．（　　　）

②　規格では，QMSを構築し，実施し，有効性を改善する際に，プロセスアプローチを採用することを推奨している．（　　　）

③　ISO 9001は，品質マネジメントの原則とは無関係である．（　　　）

Q4 以下の図はPDCAサイクルを使った品質マネジメントシステムの構造を図示したものである．図の中の（　　　　）に，下記の語群からもっとも適切なものを選び記入しなさい．

図中の（ ）内の数字は，規格の箇条番号を示す．

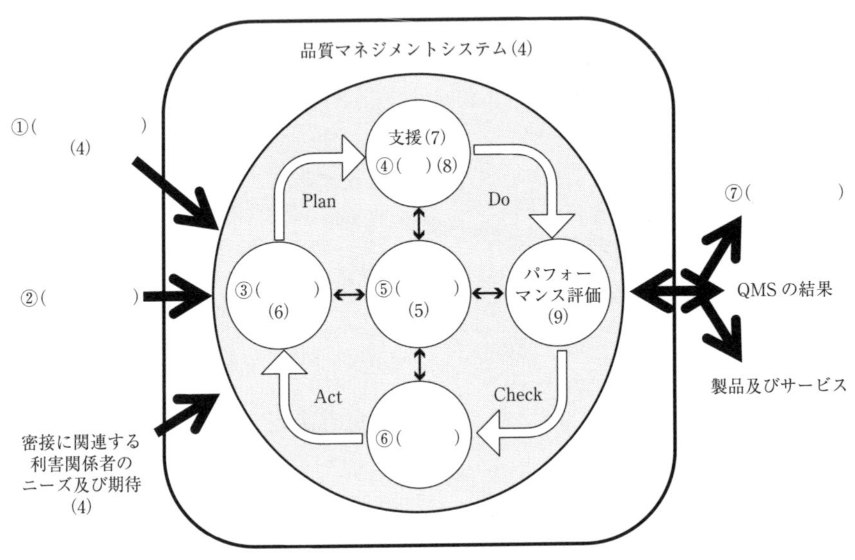

図　PDCAサイクルを使ったISO 9001規格の構造の説明

語群

リーダーシップ　顧客満足　顧客要求事項
改善　計画　組織及びその状況　運用

Q5 つぎの左側の説明文は，PDCAサイクルを回す事前準備及びPDCAの各段階での実施事項を述べたものである．右側の用語の該当するものと線で結びなさい．

A：必要な資源(人的資源，技術，設備など)を提供し，顧客とのコミュニケーションを図り，必要に応じて，設計・開発，製造やサービスを提供する． ・ ①事前準備

B：さまざまな情報を基にして，不適合を分析し，再発防止を図るべく是正処置を実施する． ・ ② Plan

C：品質マネジメントシステムに関する外部及び内部の課題を明確にし，利害関係者の要求事項などを明確にし，QMSの適用範囲を決定する． ・ ③ Do

D：取り組むべきリスク，機会を決定する．品質目標及びそれを達成するための計画を策定する ・ ④ Check

E：顧客満足などを分析する．また内部監査及び，マネジメントレビューを実施する． ・ ⑤ Act

Q6 **次の文書は，監査について述べたものである．(　　　　) 内の語句のうち，もっとも適切な語句を◯で囲みなさい．**

1) 監査において，内部監査は ①(第一者監査 ，第二者監査 ，第三者監査) という．
2) 第三者認証を一度取得すると，その組織は，該当する認証に関して，②(永久に ，再認証を受けるまで) 有効である．
3) 監査用語である「監査基準」は，「③(監査所見 ，監査証拠) と比較する基準として用いる一連の方針，手順又は④(要求事項 ，プロセス)．」と定義されている．

解答と解説

Q1

① ○
② ×：品質マネジメントシステムには2000年版で移行.
③ ○
④ ×：正当な理由があれば，適用除外は可能
⑤ ○
⑥ ×：システムを改訂して改善を図っていくことが重要
⑦ ×：あらゆる業種に使うことができる
⑧ ○：JIS Q 9001：2015は，プロセスアプローチを基本におき，それに加えて，PDCAサイクルを用いること，及びリスクに基づく考え方を導入している.
⑨ ○
⑩ ○

Q2

表11.1「品質マネジメントの原則」を参照のこと.
① 重視
② 参加
③ プロセス
④ 客観的事実

Q3

① ×：適用除外することの正当性を示さなければならない.
② ○
③ ×：品質マネジメントの原則を基礎においている.

Q4

図11.1を参照のこと .
① 組織及びその状況
② 顧客要求事項
③ 計画
④ 運用
⑤ リーダーシップ
⑥ 改善
⑦ 顧客満足

Q5

A：必要な資源（人的資源，技術，設備など）を提供し，顧客とのコミュニケーションを図り，必要に応じて，設計・開発，製造やサービスを提供する．

B：さまざまな情報を基にして，不適合を分析し，再発防止を図るべく是正処置を実施する．

C：品質マネジメントシステムに関する外部及び内部の課題を明確にし，利害関係者の要求事項などを明確にし，QMSの適用範囲を決定する．

D：取り組むべきリスク，機会を決定する．品質目標及びそれを達成するための計画を策定する．

E：顧客満足などを分析する．また内部監査及び，マネジメントレビューを実施する．

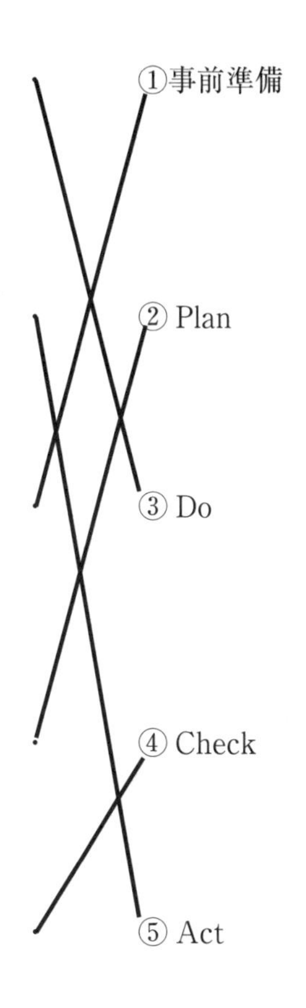

Q6

1)　①第一者監査
2)　②再認証を受けるまで
3)　③監査証拠　　④要求事項

⑫ データの取り方・まとめ方

12.1 データの種類

品質管理においては，いろいろな判断を事実に基づいて行うことを重視している．事実に基づいて活動を展開していくことをファクトコントロールという．つまり，事実やデータを基本として，それらの動きやばらつきに基づきプロセスの良否を判断し，それによってPDCAを回していく活動を展開していく考え方である．

事実をつかむには，データをとって数字で把握することが必要であり，データを整理して有効な情報として問題解決や改善活動に活用する．

データのおもな種類として，計量値と計数値がある．計量値と計数値ではデータの性質が異なるので，解析の方法も違ってくる．

計量値は連続量として測られる品質特性の値で，長さ，重量，時間，引張り強さなどである．計数値は不適合品数，不適合数などのように，個数や数を数えて得られる品質特性の値をいう．不適合品数とは，例えば，外観，スイッチの接点などについて規定された要求事項を満たさない不適合品の個数をいう．不適合数とは，例えば，機械の停止回数，ガラス1枚当たりのキズなどの不適合の箇所（欠点）の数をいう．

データをとる際は，以下の点に注意する．

① データをとる目的を明確にする．

② 5W1H（What，When，Who，Where，Why，How）でもっとも適したデータのとり方を検討する．

③ データをとる目的を達成できるサンプルになっているかを確認する．

④ サンプリング誤差（サンプリングに起因する推定量の誤差），測定誤差（サンプリングによって求められる値と真の値との差のうち，測定によって生じる部分）を考慮する．

得られたデータはばらついている．データは結果であり，結果にばらつきを与える原因を大きく分けると，作業者(Man)，機械・設備(Machine)，原料・材料(Material)，作業方法(Method) の4Mがある．4Mがばらついて組み合わされた状態で仕事が行われるので，品物の品質や仕事のできばえがばらつく．

12.2 データの変換

データの変換は，対称化，正規化，分散の安定化，物理的・生物学的な意味付けなどのために実施する．計量値のデータをまとめる場合，母集団が正規分布に従うことを仮定し，平均値と標準偏差を用いてデータを要約する．

そのため，データが，母集団が正規分布に従わない場合，対数変換，ベキ変換，平方根変換，逆数変換，BOX-COX 変換，ロジット変換，プロビット変換などを用い，データを変数変換して解析し，結果をまとめることがよく行われる．ただし，データの変換を行うか否かは，母集団に対する知見や情報をもとに，総合的に判断することが重要である．

なお，データを変数変換しても正規性の仮定が満たされない場合は，計数値に対する手法であるノンパラメトリックな手法を検討することも重要である．

12.3 母集団とサンプル

標本（サンプル）をとって測定し，そのデータに基づいて行動・処置（アクション）をとる対象の集団のことを母集団という．この母集団には，有限母集団と無限母集団の 2 種類がある．

有限母集団とは，1 日で製造された鋳物製品 5,000 個のロットといった有限

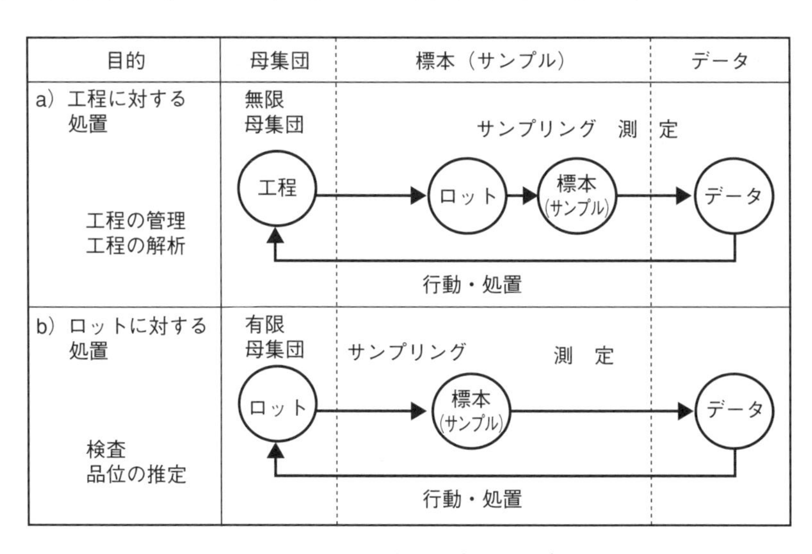

図 12.1　母集団と標本（サンプル）とデータの関係

数量の製品の集合体で，その大きさが限られている母集団をいう．無限母集団とは，製造工程のように製品が限りなく製造できるとか，限りなく実験できると考えられる母集団をいう．

母集団と標本（サンプル）とデータの関係を図 12.1 に示す．

12.4 サンプリングと誤差

統計的な考え方の基礎となり，サンプリングを理解するのに重要な概念に母集団がある．通常，実験や観察を行う場合には，まず目的を定め，サンプルをとり，測定してデータを得て，その解析結果を用いて推論を行う手順をとる．母集団は，その目的となる対象である．図 12.2 に母集団とサンプルとデータとの関係を示す．

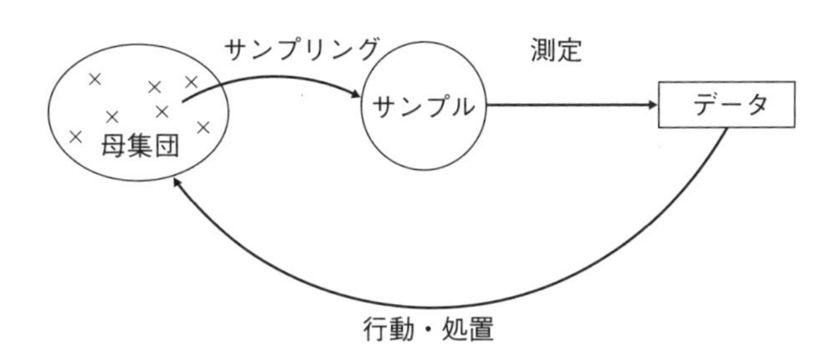

図 12.2　母集団とサンプルとデータとの関係

母集団からサンプルを抜き取ることをサンプリングという．サンプリングには，ランダムサンプリングと有意サンプリングの 2 通りがある．ランダムサンプリングは，確率的にサンプルを選択する方法であり，サンプルは同じ確率で選ばれる．有意サンプリングは，母集団の特定の部分からサンプルをとったり，意識的にサンプルを選びとる方法である．

日本の内閣支持率を推定する場合を考える．例えば，1,000 人の日本人を対象に内閣を支持するか否かの聞き取りを行い，支持するとした人の数を 1,000 人で割れば，日本での内閣支持率を推定することができる．

その際，男性だけ 1,000 人集めたり，一部の地域のみ集めて調査を行うことも考えられるが，その結果は単純には日本を代表する内閣支持率とはならない．これを有意サンプリングという．これに対して，ランダムサンプリングでは，日本人すべてが同じ確率で選ばれる可能性があり，選ばれた 1,000 人に対して聞き取りが行われる．

ランダムサンプリングを行う際には，

・サンプルをとる手順が正しくきちんと決められていること

・その手順がきちんと守られていること

の両方が重要である．それを満たさない場合には，母集団の推定の信頼性が保証されない．

サンプリングの良否は，誤差に基づいて評価されることが多い．誤差は，ばらつきとかたよりの2つに分けて考えることができる．得られたデータをx，平均を$E(x)$，真の値を μ とすると，以下の関係となる．

$$\text{誤差} = x - \mu = \underbrace{[x - E(x)]}_{\text{ばらつき}} + \underbrace{[E(x) - \mu]}_{\text{かたより}}$$

右辺の第1項はばらつきであり，個々のデータと平均との差である．ばらつきが小さいことを精度が高いという．右辺の第2項はかたよりであり，平均と真の値との差である．かたよりが小さいことを真度が高いという．

12.5 基本統計量

母集団の情報を把握するためにサンプルをとり，データを得る．そのデータの基本的な計算方法を示す．なお，その計算結果を統計量という．

(1) 分布の中心位置を表す統計量

1) 平均値（$\bar{x}$：エックスバー）

n 個のデータの平均値は，n 個のデータの総和を個数 n で割って求める．

i 番目のデータを x_i とすると，平均値 $\bar{x}$ は次の式で求める．

$$\bar{x} = \frac{x_1 + x_2 + x_3 + \cdots + x_n}{n} = \frac{\sum_{i=1}^{n} x_i}{n}$$

（$\sum_{i=1}^{n}$ は，1個目から n 個目までを合計することを表わす記号であり，以下では $\sum_{i=1}^{n} x_i$ を単に Σx_i と表わす）

2) メディアン（$\tilde{x}$ または Me）

メディアン $\tilde{x}$ とはデータを大きさの順に並べたときの中央の値である．

① データの個数が奇数個の場合

データの個数が奇数個の場合は，中央に位置するデータそのものがメディアンである．

データが，1, 2, <u>3</u>, 5, 8 の 5 個のデータの場合：

$\tilde{x} = 3$

② データの個数が偶数個の場合

データの個数が偶数個の場合は，中央の二つのデータの平均値（2 つのデータの和を 2 で割った値）がメディアンである．

データが，1, 1, <u>3, 4</u>, 5, 8 の 6 個のデータの場合：

$$\tilde{x} = \frac{3+4}{2} = 3.5$$

(2) 分布のばらつきの大きさを表す統計量

1) 平方和（S：ラージエス）

データ数が n 個で，平均値が $\bar{x}$，i 番目のデータを x_i とすると，平方和 S は次の式で求める．

$$S = (x_1 - \bar{x})^2 + (x_2 - \bar{x})^2 + (x_3 - \bar{x})^2 + \cdots + (x_n - \bar{x})^2$$

$$= \Sigma (x_i - \bar{x})^2 = \Sigma x_i^2 - \frac{(\Sigma x_i)^2}{n}$$

なお，以前はこの平方和のことを偏差平方和といった．

2) 分散（V：ラージブイ，s^2：スモールエス ニジョウ）

分散 $V(s^2)$ は，平方和 S を用いて次の式で求める．

$$V = s^2 = \frac{S}{n-1} = \frac{\Sigma x_i^2 - \frac{(\Sigma x_i)^2}{n}}{n-1}$$

なお，分散のことを不偏分散ともいう．また，$n-1$ のことを自由度という．

3) 標準偏差（s：スモールエス）

標準偏差 s は，分散 $V(s^2)$ の平方根である．

$$s = \sqrt{V} = \sqrt{s^2}$$

分散 $V(s^2)$ は，データの二乗の形であるが，標準偏差 s は，データと同じ単位である．

4) 範囲（R：アール）

範囲 R は最大値(x_{max})と最小値(x_{min})との差である．

$$R = \text{最大値} - \text{最小値} = x_{max} - x_{min}$$

5）変動係数（CV：シー ブイ）

変動係数 CV は標準偏差を平均値で割った値である．

$$CV = \frac{\sqrt{V}}{\bar{x}} = \frac{s}{\bar{x}}$$

（CV を％で表わす場合は，$CV = \dfrac{\sqrt{V}}{\bar{x}} \times 100 = \dfrac{s}{\bar{x}} \times 100$）

演習問題

Q1　次の文章で，正しいものに○，正しくないものに × を解答欄にマークせよ．

① データをとるときは，製品名，工程名，測定者，日付などの履歴を明確にしなければならない．［(1)］

② 目的をはっきりさせ，目的に適したデータをとり，とったデータを活用する．［(2)］

③ 統計的手法を活用することにより，データから有効な情報，事実をつかむことができる．［(3)］

④ 不適合品数，機械の停止回数などは計数値のデータである．［(4)］

⑤ 計数値には，個数（不適合品数）を数える計数値と不適合数を数える計数値があり，例えば「操業中に機械が3回停止した」場合の停止回数は個数（不適合品数）を数えるタイプの計数値である．［(5)］

⑥ データ（結果）にばらつきを与える原因を大きく分けると，作業者，機械・設備，原料・材料，作業方法の4Mである．［(6)］

⑦ 4Mをきちんと管理さえすれば，データ（結果）はまったくばらつくことがない．［(7)］

⑧ データは，製品名，工程名，測定者，日付などの履歴を明確にさえすれば，サンプリング誤差，測定誤差は考慮しなくてもよい．［(8)］

⑨ ファクトコントロール（事実に基づく管理）を実践するためには，現場に行き，データをとり，解析し，情報を引き出さなければいけない．［(9)］

⑩ 部品の穴径は計量値であるが，例えば，“規格範囲を考慮して作成した治具”を用いて，適合品・不適合品に分け，計数値で示すことができ

る．(10)

⑪　一般に計量値として測定するほうが，計数値として測定するよりも時間や費用が多くかかり，情報量も少ない．(11)

⑫　不適合品の個数を全体の検査個数で割ってパーセントで表現することがある．これは，不適合品率と呼ばれ，この不適合品率は計量値である．(12)

⑬　データとは，通常「数値化された（あるいは数値化できる）情報」をいうが，「言葉だけで表わされた情報」を言語データといい，これを含めてデータという場合がある．(13)

⑭　データはサンプリングによって得られたサンプルを測定して求める．サンプリングの方法によっては，正しく母集団を推定することができないことがある．(14)

⑮　層別は問題解決においては重要な概念であり，データをとる際は，層別が可能な形でとっておく必要がある．(15)

Q2

次の文章において，[　　　] 内に入るもっとも適切なものを選択肢から１つ選び，その記号を解答欄にマークせよ．

①　不適合品数，不適合数などのように，個数や数を数えて得られる品質特性の値を (1) という．これに対して，連続量として得られる品質特性の値のことを (2) という．

②　サンプルをとって測定し，そのデータに基づいて行動・処置（アクション）をとる対象の集団のことを (3) という．母集団には２種類あり，例えば，１日で製造された鋳物製品5,000個のロットといった，その大きさが限られている有限数量の母集団で，これを (4) といい，もう１つは製造工程のように製品が限りなく製造できるとか，限りなく実験できると考えられる母集団で，これを (5) という．

【選択肢】

ア．計量値　イ．計数値　ウ．ばらつき　エ．無限母集団
オ．有限母集団　カ．母集団

Q3 次の文章で，正しいものに○，正しくないものに × を解答欄にマークせよ．

① データの変換は，対称化，正規化，分散の安定化などのために実施する． (1)

② データの変換では，変換後のデータが正規分布に従うように，データの変換を行うとよい． (2)

③ データの変換方法として，対数変換，平方根変換，逆数変換などがある． (3)

④ 変数変換を行う目的は，見た目の結果を良くするためであるので，母集団に対する知見や情報を利用する必要はない． (4)

⑤ 計量値データを，二値データや順序データなどの計数値のデータに変換して解析を行うのは誤りである． (5)

Q4 次の文章において， 内に入るもっとも適切なものを選択肢から 1 つ選び，その記号を解答欄にマークせよ．ただし，同じ記号を重複使用して用いてよい．

A 工場では，鋳物製品 1,000 個を 1 ロットとして出荷している．出荷前に 1 ロット当たり 50 個をランダムに抜き取り，外観検査を行い，ロットの合否を決めている．その際，1 ロット 1,000 個の鋳物製品は (1) であり，抜き取った 50 個の鋳物製品は (2) である．そして，ロット全体の鋳物製品の不適合品数は (3) ，抜き取った 50 個の鋳物製品中の不適合品数は (4) である．

B 工場では，2l のペットボトルの緑茶を製造している．1 日 10 個のペットボトルをランダムに抜き取ってビタミン C の含有量を測定している．その際，この工場で製造されるすべてのペットボトルの緑茶は (5) であり，抜き取った 10 個のペットボトルは (6) である．この工場で製造されるすべてのペットボトルのビタミン C 含有量は (7) であり，抜き取った 10 個のペットボトルの緑茶を測定したビタミン C 含有量は (8) である．

【選択肢】
ア．母集団　イ．サンプル　ウ．母数　エ．統計量

Q5 **ある部品の加工工程から6個の部品をサンプリングし，長さ（cm）を測定したところ，次の6個のデータが得られた．平均値，メディアン，平方和，分散，標準偏差，範囲，変動係数を求めるとどのような値になるか．選択肢から1つ選び，その記号を解答欄にマークせよ．**

データ　：　102　，　103　，　105　，　106　，　108　，　110

平均値　$\bar{x}$ = [(1)] cm
メディアン　$\tilde{x}$ = [(2)] cm
平方和　S = [(3)] $(\mathrm{cm})^2$
分散　V = [(4)] $(\mathrm{cm})^2$
標準偏差　s = [(5)] cm
範囲　R = [(6)] cm
変動係数　CV = [(7)] %

【選択肢】
ア．0.028　イ．2.8　ウ．3.01　エ．5
オ．7　カ．7.555　キ．8　ク．9.066
ケ．35.1　コ．45.33　サ．104　シ．105
ス．105.5　セ．105.7　ソ．106　タ．126.8

Q6 **次の文章で，正しいものに○，正しくないものに × を解答欄にマークせよ．**

① 母集団とは，抜き取ったサンプルから得られた情報に基づいて処置をとろうとする集団である． [(1)]
② ある母集団から抜き取ってサンプルを測定した値は，常に同じ値を示す． [(2)]
③ ある工程から製品を抜き取って重さを測定する場合，製品を抜き取った元の工程が母集団で，抜き取った製品がサンプルである． [(3)]

④　9個のデータのメディアン$\tilde{x}$は，データを大きさの順に並べたときの5番目のデータの値である．［(4)］

⑤　10個のデータのメディアン$\tilde{x}$は，データを大きさの順に並べたときの5番目と6番目のデータの値の平均値である．［(5)］

⑥　6個のデータの値が，3，5，6，8，12，14であるとき，メディアン$\tilde{x}$は8である．［(6)］

⑦　10個のサンプルを測定して得られた測定値から平方和Sを求めたところ52.3であった．この場合の分散Vは，5.23である．［(7)］

⑧　11個のサンプルを測定して得られた測定値から平方和Sを求めたところ44.1であった．この場合の標準偏差sは，2.10である．［(8)］

⑨　標準偏差sが1.23，平均値$\bar{x}$が120.4の場合，変動係数CVは，97.9%である．［(9)］

解答と解説

Q1

(1)　○　後から分析するときのためにも，製品名，工程名（場所），測定者，日付などのデータの履歴を記載する．

(2)　○　目的を達成するのにもっとも適したデータをとることを考えなければならない．

(3)　○　QC七つ道具などの統計的手法を活用することにより，データから有効な情報，事実をつかむことができる．

(4)　○　その他にキズの数，ピンホールの数なども計数値のデータである．

(5)　×　「操業中に機械が3回停止した」場合の停止回数は，計数値のうちの不適合数を数えるタイプである．キズの数，ピンホールの数なども不適合数を数える計数値である．

(6)　○

(7)　×　4Mは絶えず変化しており，管理しても一定にすることは不可能である．また，これらが組み合わされた状態で仕事が行われるので，データはばらつく．

(8)　×　あるロットから一部をサンプリングして測定して得られるデータは，サンプリング誤差，測定誤差を常に伴っている．

(9)　○　三現主義（現場，現実，現物）に徹し，事実を客観的に的確に把握することが重要である．

(10) ○　計量値を計数値として示すこともできる．特性を計量値として数値化するか，計数値として数値化するかは，目的によって使い分ける．

(11) ×　一般に計量値として測定するほうが，計数値として測定するよりも時間や費用が多くかかるが，情報量は多い．例えば，ある部品の寸法の規格が 98 ～ 102mm であるとする．寸法を 1 つずつ測定してデータをとれば計量値データが得られる．これに対して，寸法が 98 ～ 102mm の範囲になければ不適合品とする場合，98mm と 102mm だけに印をつけたメジャーを用いて適合品，不適合品の区別をつけることができ，計数値データが得られる．データのとりやすさの点では計数値データが有利であるが，計量値データは，平均値，ばらつきなどに関する情報が得られ，より詳しい解析が可能となる．

(12) ×　不適合品率は計数値と計数値の比で，不連続な値となるから計数値である．

(13) ○

(14) ○　全数サンプリングの場合は別であるが，通常われわれが活用しているデータは，一部分を調べた結果である．つまり，母集団全体のデータではなく，一部分のサンプルから得たデータで全体を推測している．このため，かたよりのないサンプリング（ランダムサンプリング）を行うことが重要である．

(15) ○

Q2

(1) イ：計数値　(2) ア：計量値　(3) カ：母集団
(4) オ：有限母集団　(5) エ：無限母集団

(1)～(2)

計量値と計数値に関する問題である．計量値と計数値ではデータの性質が異なるので，解析の方法も違ってくる．

(3)～(7)

(3)～(5)

母集団に関する問題である．母集団からサンプリング（母集団からサンプルをとること）し，サンプルから得られたデータから母集団に関する情報を推測し，母集団に対して行動・処置をとる．

Q3

(1)　○　データの変換は，対称化，正規化，分散の安定化，物理的・生物学的な意味づけのために実施する．

(2)　○　統計手法の多くは，母集団が正規分布に従うことを仮定しているため，変換後のデータが正規分布に従うように，データの変換を行うとよい．

(3)　○　データが，母集団が正規分布に従わない場合，対数変換，ベキ変換，平方根変換，逆数変換，BOX-COX 変換，ロジット変換，プロビット変換などを用いて，データを変数変換することが行われる．

(4)　×　データの変換を行うか否かは，母集団に対する知見や情報をもとに，総合的に判断して行うことが重要である．

(5)　×　データを変数変換しても正規性の仮定が満たされない場合は，計数値に対する手法であるノンパラメトリックな手法を検討することも重要である．

Q4

(1) ア：母集団　(2) イ：サンプル　(3) ウ：母数　(4) エ：統計量
(5) ア：母集団　(6) イ：サンプル　(7) ウ：母数　(8) エ：統計量

Q5

(1) セ：105.7

$$平均値：\bar{x} = \frac{x_1 + x_2 + x_3 + x_4 + x_5 + x_6}{n}$$

$$= \frac{102 + 103 + 105 + 106 + 108 + 110}{6} = \frac{634}{6} = 105.7$$

(2) ス：105.5

大きさの順に並べる．

102，103，<u>105，106</u>，108，110

データが6個と偶数なので，中央の3番目と4番目のデータの平均値である．

$$\tilde{x} = \frac{105+106}{2} = 105.5$$

(3) コ：45.33

x_i, x_i^2 表

	x_i	x_i^2
1	102	10404
2	103	10609
3	105	11025
4	106	11236
5	108	11664
6	110	12100
合計	$\Sigma x_i = 634$	$\Sigma x_i^2 = 67038$

平方和：$S = \Sigma x_i^2 - \dfrac{(\Sigma x_i)^2}{n} = 67038 - \dfrac{634^2}{6} = 67038 - 66992.667$

$= 45.33$

(4) ク：9.066

分　散：$V = \dfrac{S}{n-1} = \dfrac{45.33}{6-1} = \dfrac{45.33}{5} = 9.066$

(5) ウ：3.01

標準偏差：$s = \sqrt{V} = \sqrt{9.066} = 3.01$

(6) キ：8

範囲：R = 最大値（x_{max}）－最小値（x_{min}） = 110 － 102 = 8

(7) イ：2.8

変動係数：$CV = \dfrac{s}{\bar{x}} \times 100 = \dfrac{3.01}{105.7} \times 100 = 2.8$（%）

Q6

(1) ○

(2) ×　同じ母集団から抜き取ったサンプルでも測定した値はばらついている．

(3) ○

(4) ○

(5) ○

(6) × 6個のデータのメディアン$\tilde{x}$は，大きさの順で中央の3番目と4番目のデータの平均値である．

3，5，<u>6，8</u>，12，14

メディアン：$\tilde{x}=\dfrac{6+8}{2}=7$

(7) ×

分　散：$V=\dfrac{S}{n-1}=\dfrac{52.3}{10-1}=\dfrac{52.3}{9}=5.81$

(8) ○ 平方和Sから，分散を求める．

分　散：$V=\dfrac{S}{n-1}=\dfrac{44.1}{11-1}=\dfrac{44.1}{10}=4.41$

分散Vの平方根を計算して標準偏差sを求める．

標準偏差：$s=\sqrt{V}=\sqrt{4.41}=2.10$

(9) ×

変動係数：$CV=\dfrac{s}{\bar{x}}\times 100=\dfrac{1.23}{120.4}\times 100=1.0$（%）

⑬ QC 七つ道具

問題解決で活用される手法は，いろいろな分野で数多く存在する．品質管理においては，基礎的手法として，7 つの手法を QC 七つ道具と呼び，問題解決によく活用される．QC 七つ道具を表 13.1 に示す．

表 13.1　QC 七つ道具とそのおもな用途

手法	おもな用途
パレート図	重点指向すべき改善項目を絞り込む．
特性要因図	特性と要因との関係を整理する．
チェックシート	データが簡単にとれ，そのデータが整理しやすい形で集められるように，あらかじめデータを記入する枠や項目名を書き込んだ用紙で，不適合品数や不適合数がどこにどれぐらい発生しているかを調査するためなどに用いる．
ヒストグラム	データの分布状態を把握する．おもに，以下の点を読み取る． ・全体的な形 ・分布の中心位置とばらつき ・規格外れの状況
散布図	対応のある 2 つのデータ間の関係をみる．
グラフ・管理図	グラフはデータを図形に表わして数量の大きさを比較したり，数量が変化している状態を把握する． 管理図は中心線と管理限界を記入した折れ線グラフで，工程が統計的管理状態かどうかを判断する．
層別＊	クレームや不適合品の発生原因や部品寸法のばらつきを検討するときなど，機械別，原材料別あるいは作業方法別などにデータをグループ分けして，グループ間で違いがあるかどうかをみる．

＊層別は手法というより，考え方とみなして QC 七つ道具に含めず，グラフと管理図を切り離して QC 七つ道具としている場合もある．

13.1 パレート図

私たちの職場には，不適合品，故障，クレームなど，さまざまな問題がある．これらの問題全体のデータを現象別や原因別などの項目別に分類してみると，問題の大部分は分類した 2 ～ 3 の項目によって占められていることが多い．それゆえ，問題を効率的に解決するには，この 2 ～ 3 の項目に着目し，重点的に解決していくとよい．これを「重点指向」という．

パレート図では，まずこれらの問題全体のデータを現象別や原因別などに分類し，次にデータ数の多い項目の順に並べ替え，棒グラフと累積曲線（パレート曲線）によって少数の重点項目と多数の軽微項目を定量的に把握できるようにしている．パレート図の一例を図 13.1 に示す．

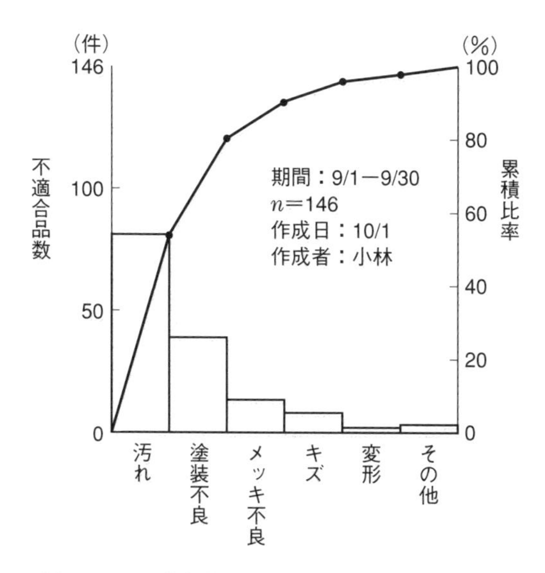

図 13.1　不適合項目別不適合品数のパレート図

イタリアの経済学者パレート（Pareto）は 1897 年に，また，アメリカの経済学者ローレンツ（Lorenz）は 1907 年に，所得分布のある種の指数法則を発表した．これは，所得の大部分はごく少数の割合の人々で占められていることを示している．

アメリカのジュラン（Juran）博士がパレートの法則を品質管理などに応用できるとして，不適合品対策における重要な問題の発見での使用を推奨した．

13.2 特性要因図

特性要因図とは，特性（品質特性ともいう）と要因との関係を整理して示した図をいい，その一例を図 13.2 に示す．考案者の東京大学の故石川馨博士に

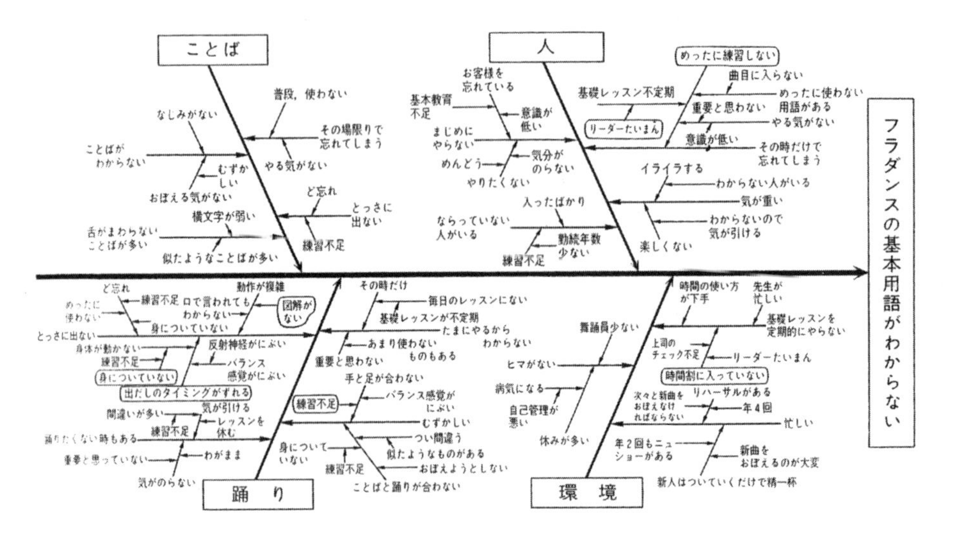

(出典)『ＱＣサークル』，No.364，日本科学技術連盟.

図 13.2 「フラダンスの基本用語がわからない」の特性要因図

ちなんで，Ishikawa Diagram あるいは Cause & Effect Diagram とも呼ばれる．

特性要因図を作成する際には，なるべく多くの関係者によって，ブレーン・ストーミングなどで自由に意見を出し合い作成することが望ましい．

特性要因図は以下の手順で作成する．

手順 1　特性を決める．

手順 2　特性を右に書き，左から右に向けて太い矢印（背骨）を記入する（図 13.3）．

手順 3　特性に影響すると考えられる要因のうち，大きく分類したものから順に大骨（背骨に対して），中骨（大骨に対して），小骨（中骨に対して）を加える（図 13.4，図 13.5）．そして，具体的なアクションに直接結びつく要因まで書き込んでいく．なお主要因と考えられるものには，目立つように丸印などをつけておく．

図 13.3　特性と矢印（背骨）の記入

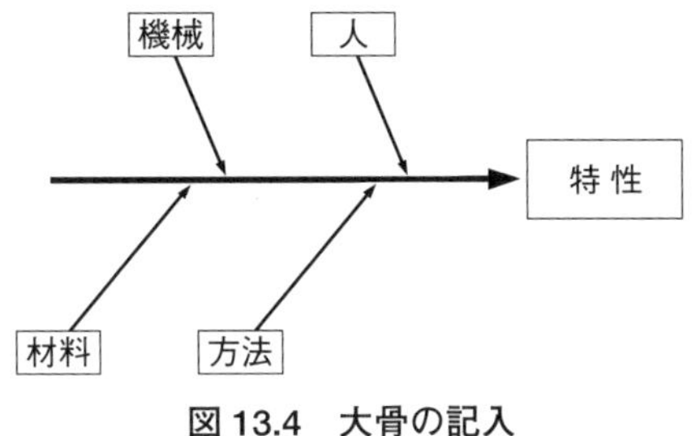

図 13.4　大骨の記入

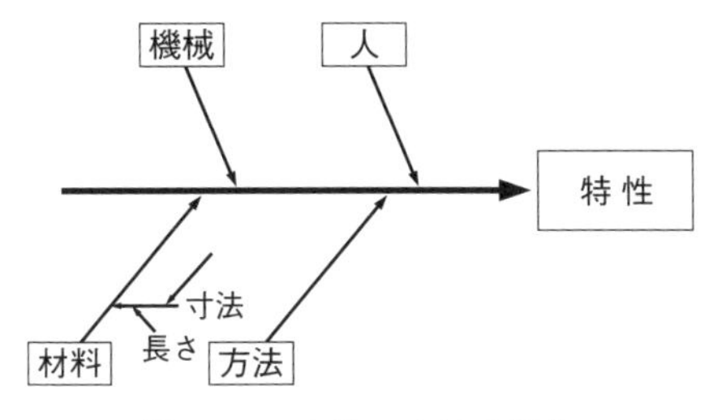

図 13.5　中骨・小骨の記入

手順４　名称，作成日などの必要事項を記入する．

特性要因図に書く特性に関しては，例えば，「車のドアの不適合品率が３％」などと具体的に仕事の結果の悪さで表わすことが大切である．抽象的な表現にすると，取り上げる要因も抽象的になりやすく効果が上がりにくい．また，特性の中に目的を記載しないことが重要である．

なにか問題が起こったら，すぐ特性要因図を作るという習慣をつけることが重要である．特性要因図には，とくにこれといった理論や法則はないので，難しく考えないで，気楽に何が影響しているのかを考えて作成すればよい．

13.3 チェックシート

チェックシートとは，忙しい職場でもデータが簡単にとれ，しかも，そのデータが整理しやすいように，また点検・確認項目がもれなく合理的にチェックできるように，あらかじめ設計してあるシート（様式）のことである．

チェックシートは，その用途により調査用と点検・確認用の２つに大別される．

調査用チェックシートは，例えばどんな不適合項目がどのくらい発生しているかや，データのばらつきや中心の位置など，分布の状態を知るためにデータをとるものである．

一方，点検・確認用チェックシートは，日常の仕事やサービス・製品の管理のため，あるいはもれを防ぐために，あらかじめ点検・確認する項目および記入方法を決めておいて，これに従って点検・確認するものである．

13.4 ヒストグラム

(1) ヒストグラム

品質管理で大切なことは，データが得られた場合に，それらのデータを適切な手法を用いて考察し，正しい情報をできる限り多く得ることである．

ヒストグラムとは，計量値のデータを数多く（少なくとも 50 個以上，できれば 100 個以上）収集したときに用いる手法の一つである．

データをいくつかの区間に分け，その区間に入るデータの数を棒グラフに表わしたものである． 表 13.2 の得られた 100 個のデータをヒストグラムにしてみると，図 13.6 のようになる．

表 13.2　A製品の重量のデータ（単位；g）

71.9	74.8	79.8	78.3	74.3	72.0	76.8	77.0	72.8	76.4	76.5	74.1	76.6	74.3	73.4
76.1	73.1	78.8	74.3	76.8	71.3	75.2	73.9	77.2	73.6	73.2	73.2	74.9	77.0	73.8
74.1	70.4	75.0	75.1	70.1	79.1	74.7	74.9	75.1	72.2	74.8	76.7	72.7	75.7	76.4
74.1	76.0	73.4	72.1	73.2	75.2	73.2	75.4	73.7	76.1	77.4	73.7	75.1	71.5	74.8
74.8	75.5	73.3	72.1	74.4	74.4	73.8	74.3	73.8	76.1	74.9	73.8	75.8	74.2	76.4
74.7	75.3	75.7	77.8	75.9	74.7	76.6	74.3	72.9	77.3	76.8	74.4	77.2	77.9	70.9
75.8	71.4	76.8	74.7	75.2	74.3	75.0	74.2	72.9	75.5					

(2) ヒストグラムの作り方

ヒストグラムは，次の手順で作成する．

手順 1　データを集める．データはなるべく多いほうがよい．通常 1 つのヒストグラムに対して 50 ～ 100 個以上を集めるとよい．

手順 2　データ全体の中から，データの最大値と最小値を見つける．

手順 3　仮の区間の数（柱の数）を決める．

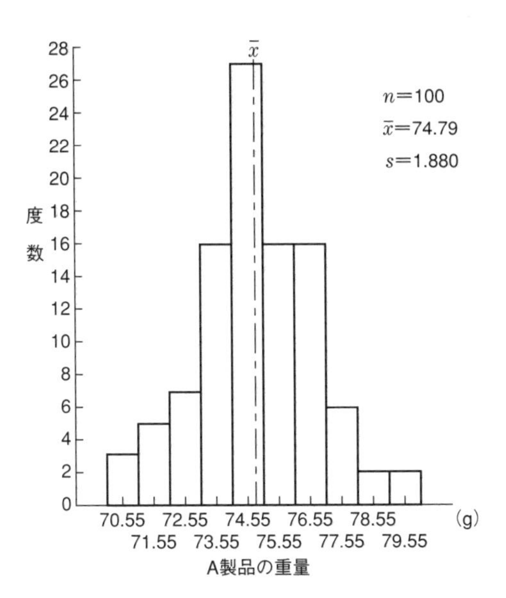

図 13.6　A 製品の重量のヒストグラム

仮の区間の数の決め方：$\sqrt{n}$を目安とする（n はデータ数）.

例）表 13.2 では，$\sqrt{100}=10$ となる.

手順 4　測定単位を把握する.

データから，測定単位がいくつであるかを把握する.

測定単位とは，データ測定の最小単位がいくつであるかをいう.

例）表 13.2 のデータであれば，データは 71.9 のように XX.X の形をしており，小数点以下 1 桁まで求められている．したがって，データの最小単位は，0.1 あるいは 0.1 の倍数であることがわかる．データを観察すると，71.3，71.4 といったデータがあり，データの最小の差が 0.1 である．この場合，データ測定の最小単位を 0.1 という.

手順 5　区間の幅を決める.

区間の幅は，手順 2，手順 3 のデータの最大値，最小値および仮の区間の数を使って決める.

$$\frac{\text{データの最大値}-\text{データの最小値}}{\text{仮の区間の数}}$$ の式から得られた数値に近い値で，測定単位の整数倍とする.

例）表 13.2 では，データの最大値が 79.8，最小値が 70.1 であり，
仮の区間の数 = 10 であるので，

$\dfrac{79.8-70.1}{10}=0.97$ となり，測定単位 = 0.1 の整数倍で，近い数は 0.9 または 1.0 となる．図の見やすさを考慮して，区間の幅 = 1.0 とするのが妥当である．

手順 6　区間の境界値を決める

区間の境界値は，データの値と区間の境界値が一致しないように，測定単位の 1/2 ずらす．一般的には，

$$\text{データの最小値}-\dfrac{\text{測定単位}}{2}$$

を一番下の区間の下側の境界値とし，そこから区間の幅分を順次加えた値を境界値とする．

手順 7　度数表を作成する（表 13.3）．

表 13.3　度数表（度数チェック前）

No.	区間の境界値	中心値	チェック	度数
1	70.05 ～ 71.05	70.55		
2	71.05 ～ 72.05	71.55		
3	72.05 ～ 73.05	72.55		
4	73.05 ～ 74.05	73.55		
5	74.05 ～ 75.05	74.55		
6	75.05 ～ 76.05	75.55		
7	76.05 ～ 77.05	76.55		
8	77.05 ～ 78.05	77.55		
9	78.05 ～ 79.05	78.55		
10	79.05 ～ 80.05	79.55		
計				n =

① 表 13.3 のような度数表を用意し，データ表の端から数値を読み，度数表のどの区間に入るかを確認して，チェック欄にマークしていく．

② マークの仕方は，同じ区間に入るデータが見つかるごとに通常，

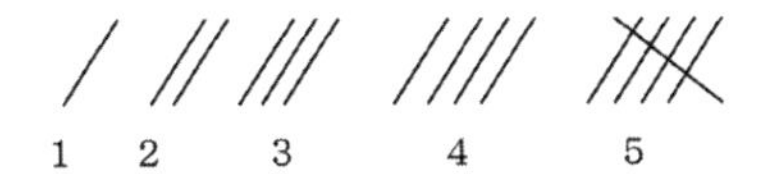

のようなマークをしていく．

③ 表 13.3 のデータをマークしたものを，表 13.4 に示す．

表 13.4　A 製品の重量の度数

No.	区間の境界値	中心値	チェック	度数
1	70.05 ～ 71.05	70.55	///	3
2	71.05 ～ 72.05	71.55	卌	5
3	72.05 ～ 73.05	72.55	卌 //	7
4	73.05 ～ 74.05	73.55	卌 卌 卌 /	16
5	74.05 ～ 75.05	74.55	卌 卌 卌 卌 卌 //	27
6	75.05 ～ 76.05	75.55	卌 卌 卌 /	16
7	76.05 ～ 77.05	76.55	卌 卌 卌 /	16
8	77.05 ～ 78.05	77.55	卌 /	6
9	78.05 ～ 79.05	78.55	//	2
10	79.05 ～ 80.05	79.55	//	2
計				n = 100

手順 8　ヒストグラムを作成する．

特性値の区間を横軸に，度数を縦軸にとってヒストグラムを作成する（図 13.6）．

ヒストグラムには，必要事項を記入する．

必要事項としては，ヒストグラムの名称，データの履歴，データ数，平均値，標準偏差，平均値を表わす線，規格があるときは規格線などを記入するとよい．

(3) ヒストグラムの見方

ヒストグラムは，収集したデータから母集団を推測することが大きな目的である．ヒストグラムは，通常以下のようなことを考察する．

①分布の形状，②平均値の位置，③ばらつきの大きさ（C_p，C_{pk} を含む），
④不適合品の出方

1）分布の形状

ヒストグラムをかいたときに，まず考察するのは分布の形状である．

分布の形状は，母集団の形状を示唆しており，形状によって様々な特徴が見えてくる．分布の形状および各形状の解説を表 13.5 に示す．

2）規格との比較（平均値の位置，ばらつきの大きさ，不適合品）

① 平均値が規格のどのあたりの位置にあるかの考察．

② 規格の幅と標準偏差の 6 倍の値とを比較する（C_p）．
規格の中心と平均値が離れている場合は，C_{pk} をみる．

③ 規格はずれのデータがあるか考察する．

ヒストグラムとは，これらの考察を行い，母集団がどのような特性を持っているかを推測し，今後の進め方を検討する手法である．

13.5 散布図

散布図は，対になった 2 つのデータの間の関係をみる図である．１つを横軸に，もう１つを縦軸にとって対になったデータを点で表わし，たくさんの点の状態を見ることができる．この 2 つのデータが無関係に変化しているのか，あるいは影響し合って変化しているのかなどを見るために用いられる．

例えば，テレビコマーシャル回数と製品の売上高には関係があるのか，無関係なのかということを視覚的に表現できる．テレビコマーシャル回数を増やすと製品が売れて売上高が上がるのであれば，テレビコマーシャル回数を増やすことを検討する必要があるし，関係がないのなら，テレビコマーシャル回数を増やしても意味がないことになる．

ある店への来客数と売上高との関係を調べるために作成した散布図を図 13.7 に示す．この散布図から，来客数が増えると売上高も増加することがわかる．このように，一方の値が大きくなると，他方の値も大きくなる傾向があるときは，右上がりの打点となり，正の相関があるという．逆に，一方の値が大きくなると，他方の値が小さくなる傾向があるときは，右下がりの打点となり，負の相関があるという．

表 13.5　ヒストグラムの形状とその解説

形状名	形状	解説
1. 一般型	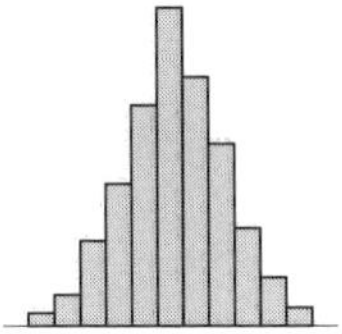	安定した工程から得られたデータのヒストグラムは，中央が高く，左右に裾を引いた山型になる．
2. 離れ小島型	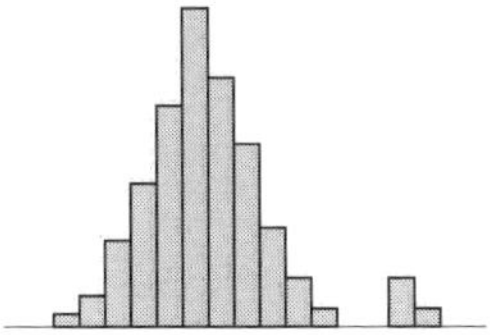	工程の異常や異なるサンプルの混入あるいは測定ミスなどによる飛び離れたデータがあると，離れ小島ができることが多い．このような型になったときは，離れ小島の原因を調べ，処置をとる．
3. 歯抜け型	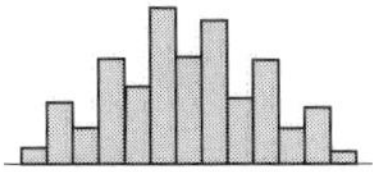	区間の幅を測定単位の整数倍にしないとこの型がよく現われる．また，測定の際に目盛りの読み方がかたよると発生することもある．
4. ふた山型	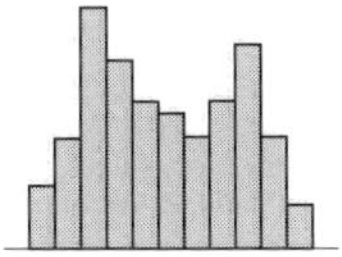	山が 2 つある型で，平均の異なる 2 組のデータが混ざっていることが想定される．このような場合は，データを層別してヒストグラムを作り直すとよい．
5. 絶壁型	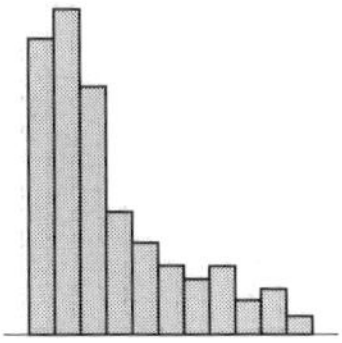	例えば，全数検査をして，不適合品を除去した場合のデータのヒストグラムによく見られる型である．また，ある値以下とならないような制御加工を行った場合にも現れる型．
6. すそ引き型（ひずみ型）	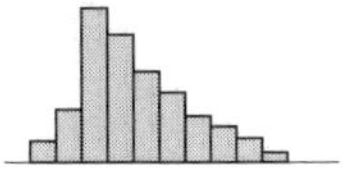	ある特殊な条件下のデータの場合に，すそ引き型が現われることが多い．例えば，工程の状態が急激に変化する場合はすそ引き型になることがある．
7. 高原型	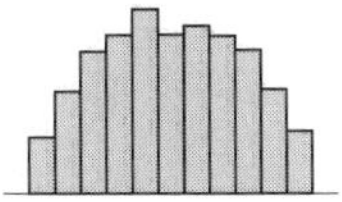	中心付近のいくつかの区間で度数にあまり差がなく平坦な高原状態になる型である．例えば，複数の機械でそれぞれ平均が異なっているデータが混在している場合などに現われる型である．層別するのがよい．

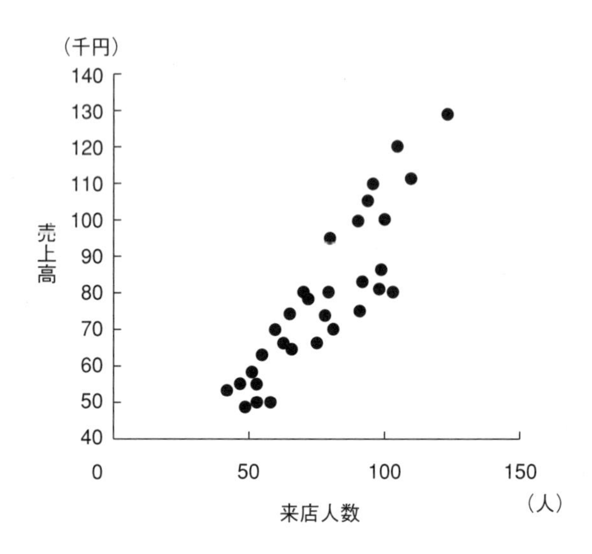

図 13.7　来店人数と売上高の散布図

13.6 グラフ

グラフはデータを図形に表わして数量の大きさを比較したり，数量が変化する状態を把握するために作るもので，QC 七つ道具の中でももっとも利用頻度が高い手法である．

データをグラフ化すれば，一目で理解や判断ができ，状況や実態を迅速かつ適確に把握することができる．グラフの利点として以下のものが上げられる．

① 数字が目で眺められる

② データの対比ができる

③ 一目でデータの全体像がわかる

④ 見る人に興味を持たせる

⑤ 見る人がわかりやすい

(1) グラフの種類

おもなグラフの用途と特徴を表 13.6 に，グラフの例を図 13.8 ～ 13.12 に示す．

表 13.6　おもなグラフの用途と特徴

	グラフ	おもな用途	特　　　徴
1	棒グラフ	数量の大きさを棒の長さで比較する	①　一定の幅の棒を並べ，その棒の高さの高低で数量の大小が比較できる ②　作図が簡単
2	折れ線グラフ	数量の時間的変化の状態をみる	①　点の高低により，数量の大小が比較できる ②　縦軸に数量の大きさ，横軸に時間の経過を目盛って，時間の経過による変化や推移がわかる
3	円グラフ	全体の構成比率をみる	①　全体を円で表わし，各項目の内訳をその大きさの割合で扇型に分割したもの ②　内訳を表現するのに優れている
4	帯グラフ	全体の構成比率をみる	①　全体を長方形の帯で表わし，それを内訳に相当する割合で区切ったもの ②　時系列的に並べることで，構成比率の時間的変化を見ることができる
5	レーダーチャート	多項目の評価のバランス，効果の比較をみる	①　中心点から分類項目の数だけレーダー（放射線状）に直線を伸ばしたもの ②　評価内容の把握や過去との比較がわかりやすい

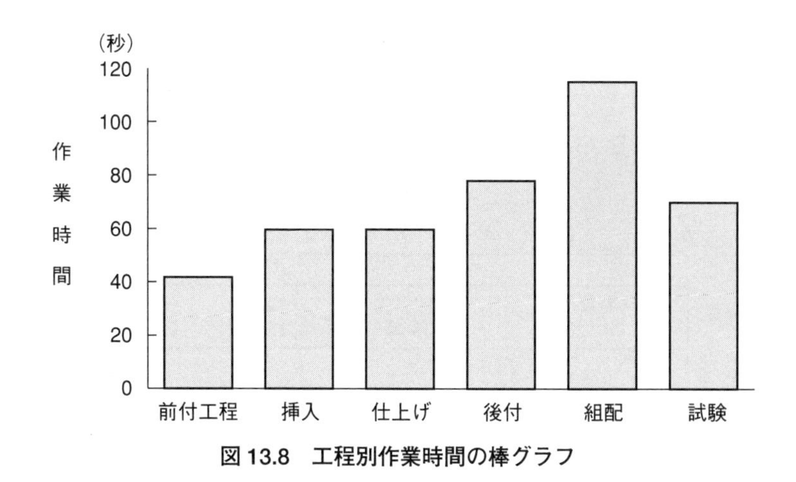

図 13.8　工程別作業時間の棒グラフ

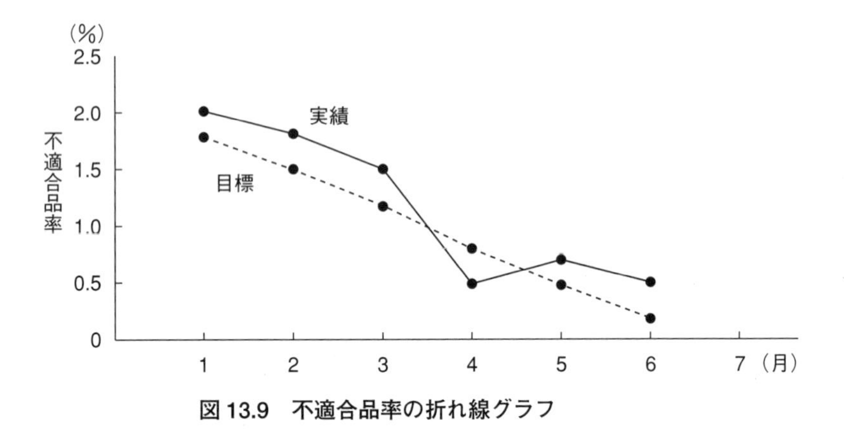

図 13.9　不適合品率の折れ線グラフ

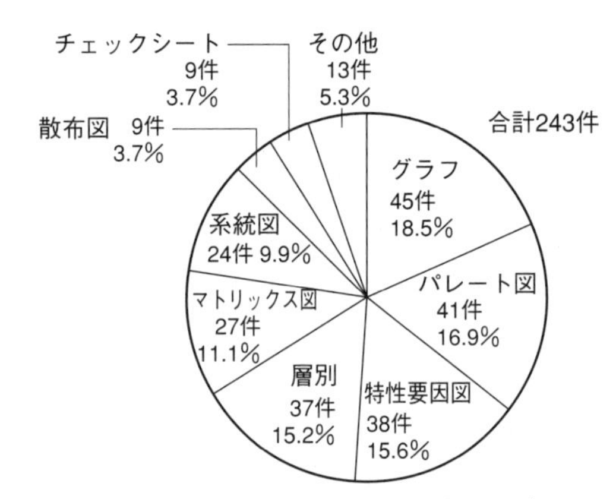

図 13.10　問題解決に使われた手法の円グラフ

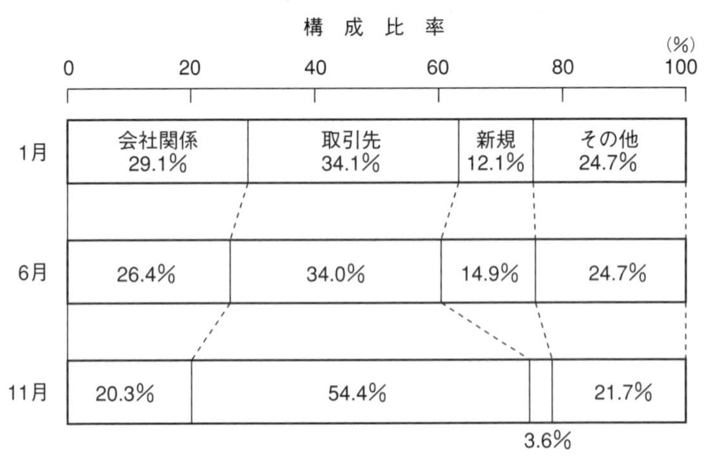

図 13.11　展示会来場者の帯グラフ

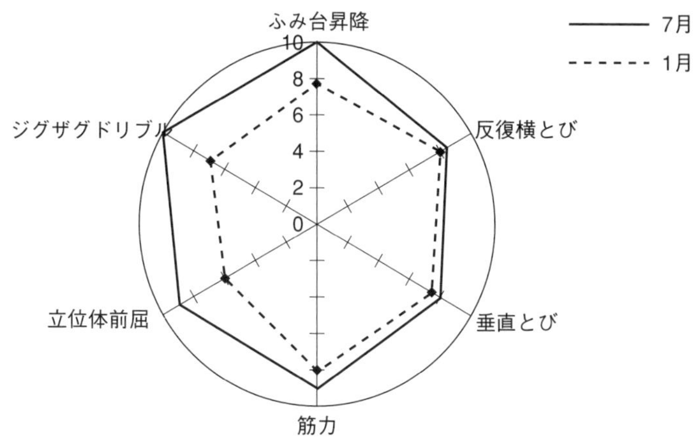

図 13.12　体力テストのレーダーチャート

(2) グラフの描き方の工夫

グラフは，見る人の立場にたって見やすく作ることが大切であり，以下の工夫をするとよい.

① 変化や違いがわかりやすいようにする

② 縦軸，横軸の名称，目盛，目盛の値，単位を正しく記入する

③ 縦，横のバランスをとってかく

(3) グラフの見方

以下のグラフの見方に留意して，グラフから得られる情報について考察する.

① 全体的な動き，連続的な変化や傾向，すなわち，最近増えてきた，または減ってきた，周期性はあるかなどを見て考察する

② 全体の中で何の比率が高いのか，意外に少ないのは何かなどを見て考察する

③ 同じ項目や多数の項目の比率，評価を，過去と現在，改善前と改善後，自社と他社，日本と外国というように比較して見て考察する

④ 複数項目間の相互の関連性を見て考察する

⑤ 目標に対する達成度を見て考察する

13.7 層別

クレームや不適合品の発生原因や，特性のばらつきを検討する場合，機械によってクレームの発生状況に差がないか，原料・材料によって不適合品の出方に差がないか，作業者によって特性に差がないかなどを考える．

層別とは，このような場合に１つの集団（まとめられたデータ）を機械別，原材料別，作業方法別，または作業者別などのように，データの共通点やクセ，特徴に着目して，同じ共通点を持ついくつかのグループ（層という）に分けることをいう．

品質のばらつきや不適合品の発生原因は多様だが，その要因を特定し影響度合いを知るには，4M（Man，Machine，Materia1，Method）別，職場別，時間別など，考えられる要因でデータを層別して検討する必要がある．いろいろな層別ができるようにデータをとるには，固有技術や経験を活用することが重要である．

層別の対象となる項目例としては，以下のようなものがある．

① 時間別……時間，日，午前・午後，昼・夜，作業開始直後・終了直前，曜日，週，旬，季節別
② 作業者別……個人，年齢，経験年数，男性・女性，組，直，新・旧別
③ 機械，設備別……機種，号機，型式，性能，新・旧，工場，ライン，治工具，金型，ダイス別
④ 作業方法，作業条件別……ラインスピード，作業方法，作業場所，ロット，サンプリング，温度，圧力，速度，回転数，気温，湿度，天候，方式別
⑤ 原料・材料別……メーカー，購人先，産地、銘柄，購入時期，受入ロット，製造ロット，成分，サイズ，部品，貯蔵期間，貯蔵場所別
⑥ 測定別……測定器，測定者，測定方法別
⑦ 検査別……検査員，検査場所，検査方法別
⑧ 環境，天候別……気温，湿度，天候，雨期，乾期，照明別
⑨ その他……新製品・従来品，初物，適合品・不適合品，包装，運搬方法別

図 13.13 は，ある製品のロットごとの平均膜厚を折れ線グラフにしたものであるが，(a) の層別前では，全体として大きくばらついているようにしか見えないが，(b) の装置で層別後では，明らかに装置間で膜厚に差があることが

見てとれる．

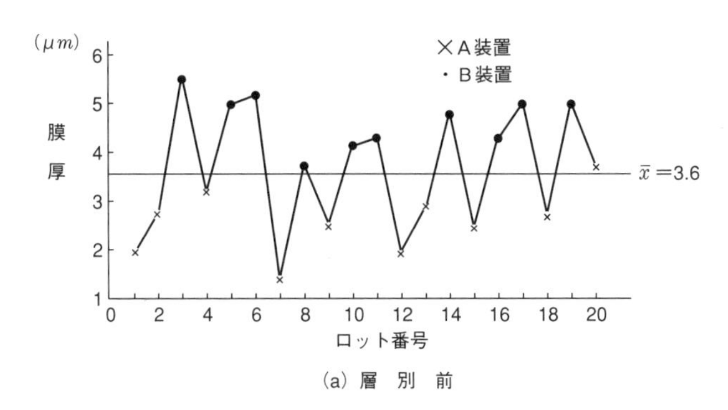

(a) 層 別 前

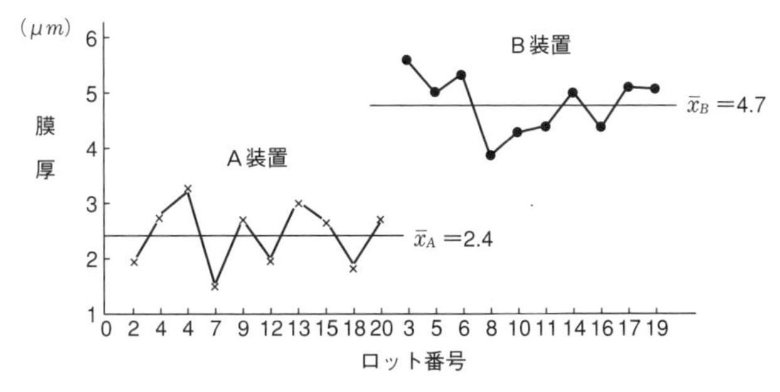

(b) 装置A・Bで層別

図 13.13 装置 A，B で層別した膜厚の折れ線グラフ

（出典）『職場長のための問題解決実践コーステキスト』，日本科学技術連盟．

演習問題

Q1 次の文章において，[ ] 内に入るもっとも適切なものを選択肢から１つ選び，その記号を解答欄にマークせよ．

QC 七つ道具は主として数値データの解析用に整理された手法である．このうち，[(1)] はデータの分布状況の把握，分布の中心位置とばらつきなどを読み取るのに使われる．[(2)] は特性と要因の関係を整理するのに使われる．[(3)] は重点指向すべき改善項目の絞り込み，どの項目が重要な問題かなどを把握するのに使われる．[(4)] は不適合数や不適合項目がどこにどれぐらい発生しているかをチェックして調査するために用いる．[(5)] は対応のある２

つのデータ間の関係をみるために用いる．

【選択肢】

ア．チェックシート　　イ．散布図　　　ウ．パレート図

エ．ヒストグラム　　　オ．特性要因図

Q2 **次の文章はパレート図の作成手順である．［　　　］内に入るもっとも適切なものを選択肢から１つ選び，その記号を解答欄にマークせよ．**

手順１　［ (1) ］を集める．

手順２　データを，その［ (2) ］や内容によって分類する．

表 13.7 は，ある製品の検査での不適合品データで，期間は１カ月間（9/1－9/30），検査台数は 10,000 台である．

表 13.7　不適合品データ

分 類 項 目	件　　数
メッキ不良	13
塗装不良	38
キズ	9
変形	2
汚れ	81
その他	3
計	146

手順３　分類した項目別にデータを整理し［ (3) ］を作る．

分類項目の並べ方：表 13.8 のように，データ数の大きい分類項目順に並べる．［ (4) ］の項目は，データ数が他の項目のデータ数より大きくても最後におく．

表 13.8　計算表

分類項目	件数	累積件数
汚れ	81	81
塗装不良	38	119
メッキ不良	13	132
キズ	9	141
変形	2	143
その他	3	146
計	146	－

手順4　グラフ用紙に縦軸と横軸を記入する．

縦軸の長さと横軸の長さが ［　(5)　］ になるように目盛の間隔を決める．縦軸には特性値である件数をとり，横軸には分類項目を記入する．

縦軸は，データ数の合計より少し大きくて，切りのよい数字を上端にとって目盛を入れる．横軸は，データ数の大きい項目から順に左から右へ並べ，項目名を記入する．「その他」の項目は大きさに関係なく右端（最後の項目）に書く．

手順5　［　(6)　］ を作図する．

［　(6)　］ は間隔をあけないで書く．

手順6　［　(7)　］（累積曲線）を記入する．

累積の値を各棒グラフの右肩上部に打点し，その点を結び折れ線を引く．折れ線の始点は0とする．この折れ線を ［　(7)　］ または累積曲線という．

手順7　［　(8)　］ の%目盛を記入する．

手順8　［　(9)　］ を記入する．

① パレート図の表題

図の表題は図の下部に記入する．

② データの収集期間

③ データ数の合計　n =○○○

④ 作成日

⑤ 作成者

そして，完成したのが図13.1（再掲）のパレート図である．

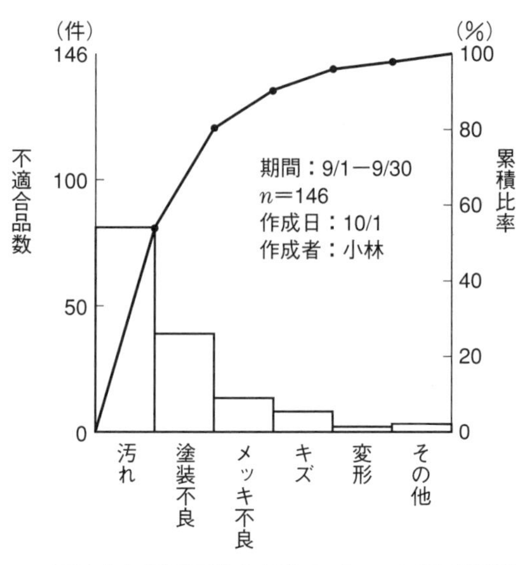

図 13.1　不適合項目別不適合品数のパレート図（再掲）

【選択肢】

ア．必要事項　イ．データ　ウ．棒グラフ　エ．計算表
オ．パレート曲線　カ．累積比率　キ．その他　ク．同じくらい
ケ．原因

Q3 次の文章において，［　　　］内に入るもっとも適切なものを選択肢から1つ選び，その記号を解答欄にマークせよ．

Q2で作成した図13.14において，もっとも不適合品数が多いのは［ (1) ］である．2番目に多いのは［ (2) ］であり，この上位2項目で不適合品全体の約［ (3) ］%を占めていることがわかる．

【選択肢】

ア．汚れ　イ．塗装不良　ウ．キズ　エ．メッキ不良　オ．変形
カ．その他　キ．50　ク．60　ケ．70　コ．80
サ．90

Q4

表 13.9 は車のドアの検査での不適合品データであり，期間は 1 カ月間（3/1-3/31），検査台数は 1,000 台である．パレート図として適しているものはどれか，次の図から選び，その記号を解答欄にマークせよ．

表 13.9　不適合品データ

分類項目	件数
キズ	123
ゴミ	38
フクレ	12
ブツ	27
ムラ	74
その他	35

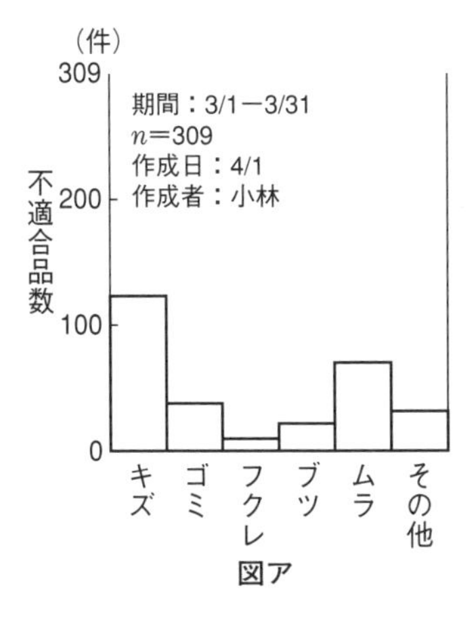

図ア

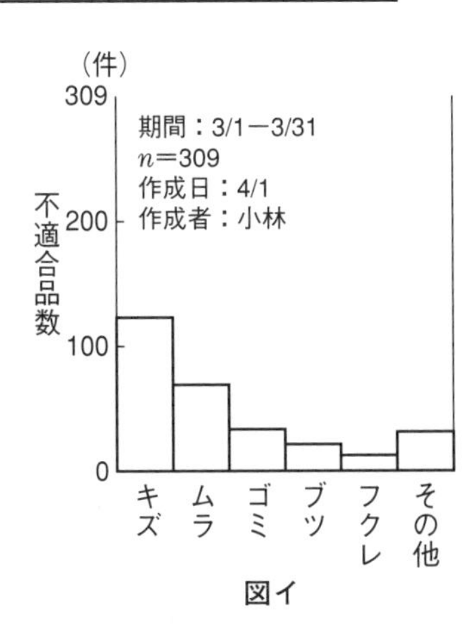

図イ

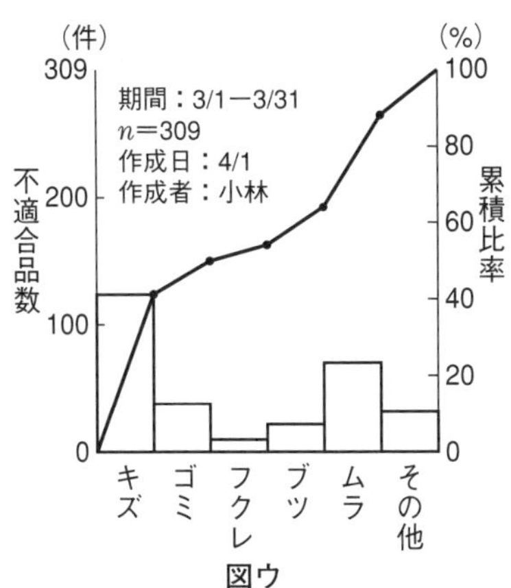

図ウ

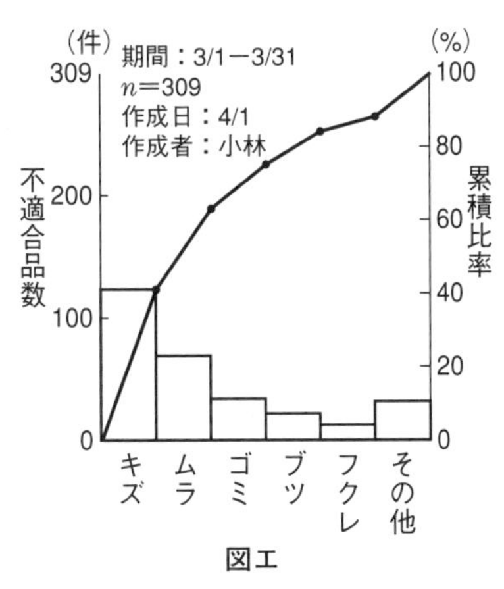

図エ

Q5 次の文章で，正しいものに○，正しくないものに × を解答欄にマークせよ．

① 特性要因図は別名「魚の骨」ともいわれ，アメリカで開発されて，日本に導入されたものである． [(1)]

② 1つの特性に対して，要因を4M（作業者：Man，機械：Machine，材料：Material，作業方法：Method）で分けた特性要因図を作成してはいけない． [(2)]

③ 特性と要因との定性的な関係を整理して作った図を特性要因図という． [(3)]

④ ブレーン・ストーミングを行う際には，他人の意見に便乗してはいけない． [(4)]

⑤ 特性要因図の特性は，「不適合品が多い」，「納期に遅れがある」などと，結果の悪さを表わす表現ではなく，「不適合率を下げるには」，「納期遅れをなくすには」など，目的を表わす表現のほうがよい． [(5)]

Q6 次のチェックシートの用途はどれか，もっとも適当なものを選択肢から1つ選び，その記号を解答欄にマークせよ．

[(1)]

月/日（曜日） 不適合項目	5/18（月）	19（火）	20（水）	21（木）	22（金）	23（土）	合計
縫製	////	//	//	///	//	///	16
仕上り	////	/	//	/	//	///	13
汚れ	卌 //	///	///	///	卌	卌 /	27
キズ	卌 ///	///	//	//	//	卌 ///	25
その他	///	//	//	//	//	///	14
合計	26	11	11	11	13	23	95

(2)

課名：○○○課　期間：7月4～8日

機械	作業者	月		火		水		木		金		計	
		午前	午後	午前	午後	午前	午後	午前	午後	午前	午後		
A型機	山田	○○○○○ ○○○○○ ××××× ●● △	○○○○ ××× ●	○○○○ ×× ●	○○○ ××	○ ●	○○○ × △	○○○ ×× ●● △	○○○○ × ●	○○○○○ ○○ ×	○○○○ × △	73	116
	鈴木	○○○○○ ○ ××	○○○	○○	○○○○	○ × △	○	○○○○	○○○○ × ●	○○ ● △	○○○ ××× ● △	43	
B型機	斉藤	○○○○○ × △	○○○ × ● △	○○○	●	××	○○	○○○○ ×	○○ ●	○○	○○	33	84
	上田	○○○○○ ○○○○ × ●●●	○○○○○ ×× ●	○○ ××	○ ×× ● △	○	○○ × △	○○ ×	○ ×	○ × ● △	○○ × ● △△△	51	
計		46	25	16	15	8	12	20	17	18	23	200	
		71		31		20		37		41			

「記号」　○キズ不良　× 寸法不適合　●材料不適合　△仕上不適合

(3)

○ ツボヤケ　△ ゴミ
× ナガレ　□ ブツ

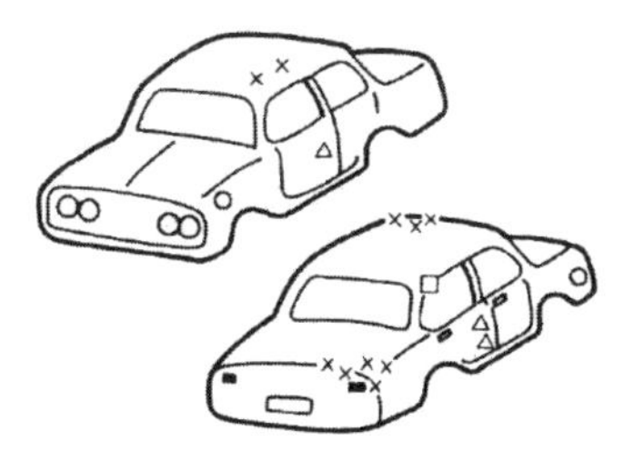

車種：○○○	検査日：7／23
色　：ホワイト	検査員：K. I.
記事：ノズル交換	吹付者：A. B.

(4)

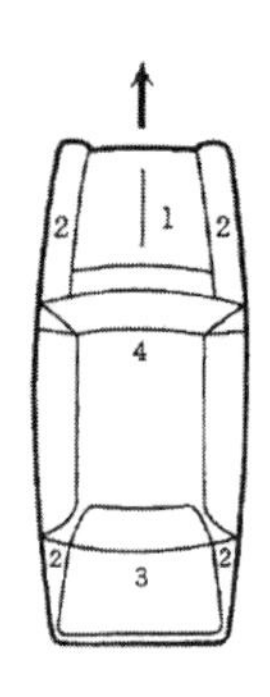

良好…✓　不適合…×　期間：6月5日～　点検者：△△

	点検内容	6/5	6/6	6/8	6/9	/	/	/	/	/	/
1での点検	冷却水の量と漏れ	✓	✓	✓	✓						
	ファン・ベルトの損傷とたわみ	✓	✓	✓	✓						
	エンジン・オイルの量と汚れ	✓	✓	✓	✓						
	二次コードの接続	✓	✓	✓	✓						
	ブレーキ，クラッチ液の量	✓	✓	✓	✓						
	バッテリの液量とターミナルの接続	✓	✓	✓	✓						
2での点検	タイヤの空気圧と摩耗，損傷	✓	✓	✓	×						
	スプリングの損傷	✓	✓	✓	✓						
	下部の水，油漏れ	✓	✓	✓	✓						
3での点検	ジャッキ，工具類の有無	✓	✓	✓	✓						
	スペア・タイヤの空気圧	✓	✓	✓	✓						
4での点検	エンジンの始動具合	✓	✓	✓	✓						
	各計器の作用	✓	✓	✓	✓						
	ハンドルの遊び，がた	✓	✓	✓	✓						

【選択肢】

ア．不適合位置調査用　　イ．不適合要因調査用

ウ．不適合項目調査用　　エ．点検・確認用　　オ．員数確認用

Q7 次の文章で，正しいものに○，正しくないものに × を解答欄にマークせよ．

① 100 個のデータでヒストグラムを書くとき，仮の区間の数は 10 が目安となる．（1）

② 11.3，12.5，12.6，14.2，12.0 のようなデータがあったとき，測定単位は 0.2 と判断するのが妥当である．（2）

③ 100 個のデータがあり，最大値が 85.6，最小値が 65.4 で，測定単位が 0.1 であった．このデータでヒストグラムを作るときの区間の幅として 2.0 は妥当である．（3）

④ ③のデータを用いるとき，一番下の区間の下側の境界値は，65.4 になる．（4）

Q8 次の文章において，[　　　] 内に入るもっとも適切なものを選択肢から１つ選び，その記号を解答欄にマークせよ．

ヒストグラムをかこうとしてデータを 80 個収集した．データの最大値は 118.5，最小値は 96.5，測定単位は 0.5 であった．

このとき，① 仮の区間の数は，[(1)]

② 区間の幅は，[(2)]

③ 一番下の区間の下側の境界値は，[(3)]

【選択肢】

ア．8　　イ．9　　ウ．10　　エ．1.8　　オ．2.0

カ．2.5　　キ．95　　ク．96.25　　ケ．96.5

Q9 図 13.14，図 13.15 のヒストグラムを考察し，[　　　] 内に入るもっとも適切なものを選択肢から１つ選び，その記号を解答欄にマークせよ．

(1)　製品 B の重量のヒストグラム

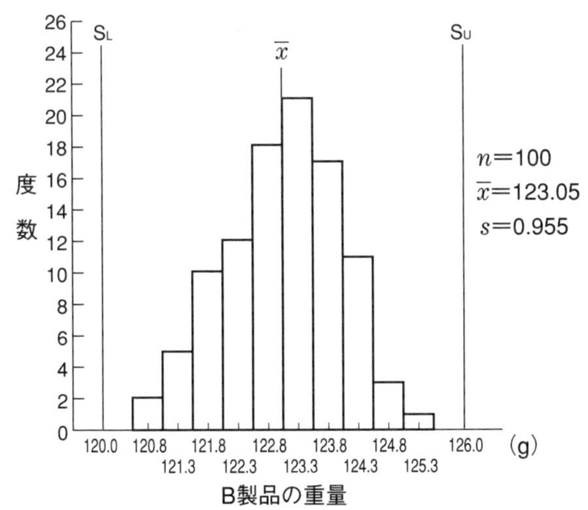

図 13.14　製品 B の重量のヒストグラム

① 分布の形 (1)
② 平均値の位置 (2)
③ ばらつきの大きさ (3)
④ 不適合品の出方 (4)

(2) 製品Cの重量のヒストグラム

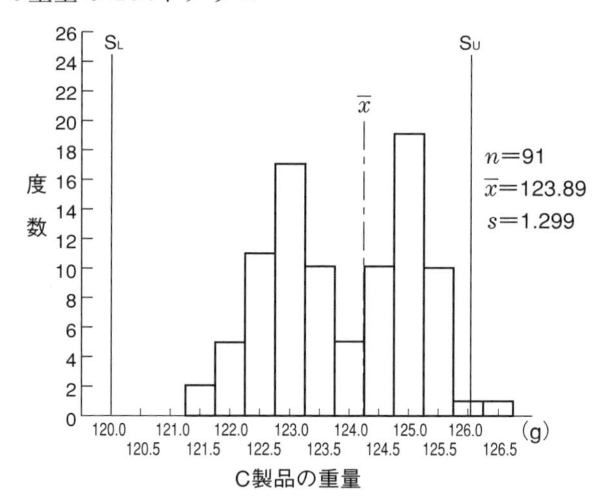

図 13.15 製品Cの重量のヒストグラム

① 分布の形 (5)
② 平均値の位置 (6)
③ ばらつきの大きさ (7)
④ 不適合品の出方 (8)

【選択肢】

① 分布の型 ア：正常型 イ：離れ小島型 ウ：歯抜け型 エ：ふた山型 オ：絶壁型 カ：すそ引き型 キ：高原型

② 平均値の位置 ク：ほぼ規格中央 ケ：規格中央より上側 コ：規格中央より下側

③ ばらつきの大きさ サ：規格の幅と標準偏差の 6 倍はほぼ等しい シ：規格の幅より標準偏差の 6 倍のほうが大きい ス：規格の幅より標準偏差の 6 倍のほうが小さい

④　不適合品の出方　セ：不適合品は発生していない
ソ：下限規格からはずれた不適合品が発生している
タ：上限規格からはずれた不適合品が発生している
チ：規格の両側からはずれた不適合品が発生している

Q10 **次の文章で，正しいものに○，正しくないものに × を解答欄にマークせよ．**

① 散布図における２つの対になったデータは，要因と特性との関係でなければならない．［(1)］
② ２つの特性値の一方が大きくなると，もう一方も大きくなるような関係を正の相関という．［(2)］
③ 散布図で取り上げる特性値は，計量値がよい．［(3)］
④ 散布図をつくるには，10 組程度の対になるデータがあれば十分である．［(4)］
⑤ 散布図の打点がほぼ円形に分布したときを無相関という．［(5)］
⑥ 散布図を作成するときには，x 軸と y 軸の長さはほぼ同じになるようにし，できるだけ正方形としたほうがよい．［(6)］
⑦ 一般に２種類のデータの一方が原因系(要因)で，他方が結果系(特性)の場合には，横軸に結果系（特性）を書き，縦軸に原因系（要因）を書く．［(7)］
⑧ 散布図を作成する場合には，x 軸・y 軸ともに原点を必ず「０」としなければならない．［(8)］
⑨ 本来の特性の測定に時間や工数がかかる場合や，破壊検査しないと測定ができないような場合など，本来の特性と関連が強く，その代わりとなるような代用特性を探すときにも，散布図は有効である．［(9)］
⑩ 作成した散布図において，相関関係があるかないか迷うような場合には，相関係数 r を求めることにより，客観的な判断ができる．［(10)］

Q11 **次の文章は，散布図の作成手順である．［　　］内に入るもっとも適切なものをア．イ．の選択肢から１つ選び，その記号を解答欄にマークせよ．**

手順1　対になったデータを集める.

・関係があるかどうか調べたい2種類の対応のあるデータを(1) ア. 20組以下　イ. 30組以上 集め，データシートにまとめる.

・対応するデータをそれぞれx，yとするが，要因と特性の場合には，要因をx，特性をyとする.

手順2　データx，yそれぞれの (2) ア. 平均値　イ. 最大値 と最小値を求める.

手順3　横軸と縦軸を作る.

・グラフ用紙に横軸をx，縦軸をyとして線を引く.

・最大値と最小値の幅が，横軸xと縦軸yとにおいて，(3) ア. 縦長の長方形　イ. ほぼ等しい長さ になるように目盛を入れる.

手順4　データを打点する.

・横軸にxの値を，縦軸にyの値をとり，その交わる位置に点を打つ. 同じデータがあり，点が重なる場合には，先の点のすぐ近くに後の点を並べて打つか，二重丸，三重丸とする.

手順5　必要事項を記入する.

・データ数，期間，製品名，工程名，作成者，作成年月日などを記入する.

Q12 **散布図の見方として，もっとも適切と思われる内容を選択肢から1つ選び，その記号を解答欄にマークせよ.**

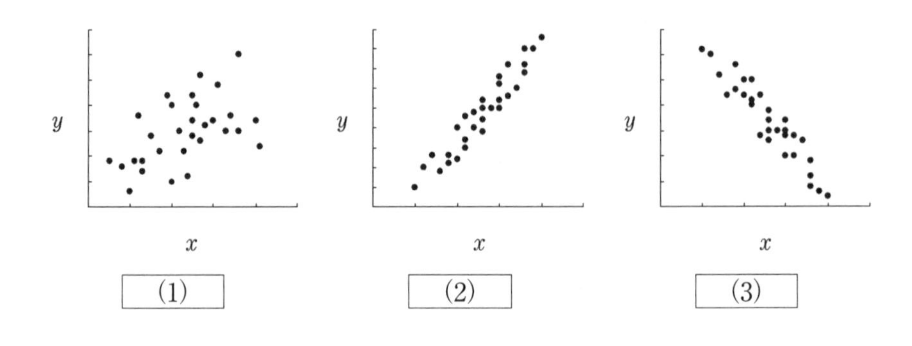

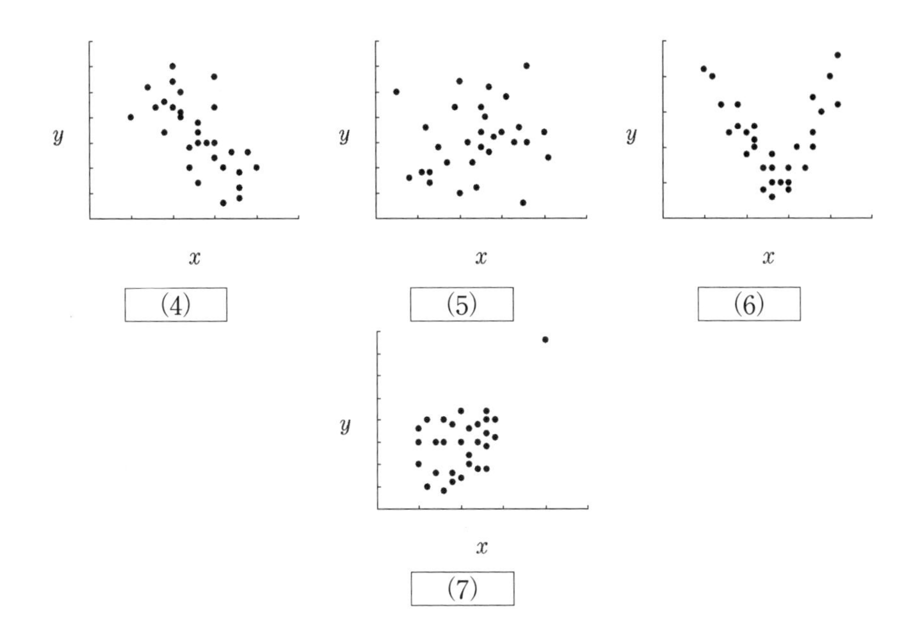

【選択肢】

ア．「強い負の相関」があるので，x も y も特性の場合には，x の値がわかれば y の値が推測できる．

イ．「無相関」

ウ．x と y との間に直線的な関係はないが，両者の間に「回帰曲線の関係」がありそうである．

エ．x が増加すれば y も増加する傾向にあるので，「正の相関」がある．

オ．「異常点がある」ので，データを見直すか，異常点を除いて判断する必要がある．

カ．「強い正の相関」があるので，x が要因で y が特性の場合には，x を正しく管理すれば，y も管理できる．

キ．「負の相関」がありそうだ．y の値が x 以外の影響も受けていることが考えられる．

Q13 次のアとイの対となるデータで散布図を作る場合，どちらのデータを縦軸とすべきか，またはどちらでもよいか，もっとも適切なものを1つ選び，その記号を解答欄にマークせよ．

① ア．客の人数　イ．売上額　ウ．どちらでもよい [(1)]
② ア．気温　イ．プール入場者数　ウ．どちらでもよい [(2)]
③ ア．身長　イ．体重　ウ．どちらでもよい [(3)]
④ ア．売上額　イ．広告費　ウ．どちらでもよい [(4)]
⑤ ア．国語のテストの得点　イ．数学のテストの得点　ウ．どちらでもよい [(5)]

Q14 次の文章において，[　　] 内に入るもっとも適切なものを選択肢から１つ選び，その記号を解答欄にマークせよ．

① グラフは，データを [(1)] に表わして数量の大きさを比較したり，数量が [(2)] する状態を把握するために作る．
② 折れ線グラフは，[(3)] により，データがどのように変化するかを表わす場合に使われる．
③ ある不適合品の不適合項目別の構成比率・内訳の比率を見たいときに適しているグラフは，[(4)] である．
④ いくつかの項目について，項目間のバランス，目標達成状況を見たいときに適しているグラフは，[(5)] である．

【選択肢】
ア．棒グラフ　イ．帯グラフ　ウ．変化　エ．円グラフ
オ．図形　カ．折れ線グラフ　キ．レーダーチャート
ク．時間的推移

Q15 次の文章において，[　　] 内にもっとも適切なものを選択肢から１つ選び，その記号を解答欄にマークせよ．

JIS Z 8101-2 によると，層別とは「[(1)] をいくつかの層に [(2)] すること．層は部分 [(1)] の一種で，相互に [(3)] を持たず，それぞれの層を合わせたものが [(1)] に一致する．目的とする [(4)] に関して，層内がより [(5)] になるように層を設定する」とある．

【選択肢】

ア．母集団　イ．サンプル　ウ．統合　エ．分割
オ．共通部分　カ．利害　キ．変数　ク．特性
ケ．均一　コ．ランダム

解答と解説

Q1

(1) エ：ヒストグラム　(2) オ：特性要因図　(3) ウ：パレート図
(4) ア：チェックシート　(5) イ：散布図

(1)～(5)

QC 七つ道具に関する問題である．出題の 5 つの他に，グラフ／管理図，層別がある．層別は手法というより，考え方とみなして QC 七つ道具に含めず，グラフと管理図を切り離して QC 七つ道具としている場合もある．

Q2

(1) イ：データ　(2) ケ：原因　(3) エ：計算表
(4) キ：その他　(5) ク：同じくらい　(6) ウ：棒グラフ
(7) オ：パレート曲線　(8) カ：累積比率　(9) ア：必要事項

以下に作成手順とその説明を記載する．

手順 1　データを集める．

不適合品，故障，クレームなど，問題となっているものについてデータを集める．データの採取期間は、問題の発生状況や性質などを考慮して，1 週間，1 カ月など切りのよい期間にするとよい．

表 13.7 は，ある製品の検査での不適合品データで，期間は 1 カ月間(9/1－9/30)，検査台数は 10,000 台である．

手順 2　データを，その原因や内容によって分類する．

原因：材料別，機械別，作業者別，作業方法別など
内容：不適合品の項目別，場所別，時間別など

表 13.7　不適合品データ（再掲）

分 類 項 目	件　　数
メッキ不良	13
塗装不良	38
キズ	9
変形	2
汚れ	81
その他	3
計	146

手順 3　分類した項目別にデータを整理し計算表を作る．

分類項目の並べ方：表 13.8 のように，データ数の大きい分類項目順に並べる．「その他」の項目は，データ数が他の項目のデータ数より大きくても最後におく．

件数：分類項目の件数を記入する．

累積件数：最初の分類項目の累積件数は，最初の分類項目の件数と同じ値を記入する． 2 つ目の分類項目の累積件数は，最初の分類項目の件数に 2 つ目の分類項目の件数を加えた値である． 3 つ目の分類項目の累積件数は， 2 つ目の分類項目累積件数に 3 つ目の分類項目の件数を加えた値である．これを最後の項目まで続ける．最後の項目の累積件数は，総件数に等しくなる．

表 13.8 は表 13.7 のデータを整理した表である．

表 13.8　計算表（再掲）

分 類 項 目	件数	累積件数
汚れ	81	81
塗料不良	38	119
メッキ不良	13	132
キズ	9	141
変形	2	143
その他	3	146
計	146	－

手順４　グラフ用紙に縦軸と横軸を記入する．

縦軸の長さと横軸の長さが同じになるように目盛の間隔を決める．縦軸には特性値である件数をとり，横軸には分類項目を記入する．

縦軸は，データ数の合計より少し大きくて，切りのよい数字を上端にとって目盛を入れる．横軸は，データ数の大きい項目から順に左から右へ並べ，項目名を記入する．「その他」の項目は大きさに関係なく右端（最後の項目）に書く．

手順５　棒グラフを作図する．

棒グラフは間隔をあけないで書く．

手順６　パレート曲線（累積曲線）を記入する．

累積の値を各棒グラフの右肩上部に打点し，その点を結び折れ線を引く．折れ線の始点は0とする．この折れ線をパレート曲線または累積曲線という．

手順７　累積比率の％目盛を記入する．

パレート曲線の右側に縦軸を立て，パレート曲線の始点に対応する目盛を0％，終点に対応する目盛を100％とし，0～100％の長さを等分し，パーセント比率を記入する．例えば，20％きざみで目盛るときは5等分，10％きざみでは10等分し，目盛を入れパーセント（％）の数値を記入する．

手順８　必要事項を記入する．

①　パレート図の表題

図の表題は図の下部に記入する．

②　データの収集期間

③　データ数の合計　n ＝○○○

④　作成日

⑤　作成者

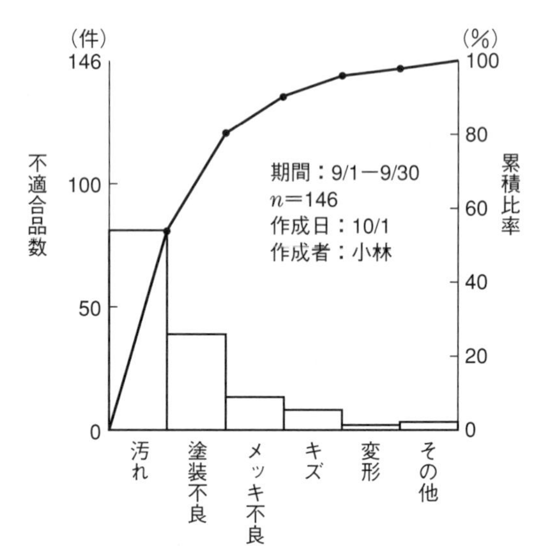

図 13.1　不適合項目別不適合品数のパレート図（再掲）

Q3

(1) ア：汚れ　(2) イ：塗装不良　(3) コ：80

汚れと塗装不良を合わせると 119 件となり，全体の 81.5%を占める．

Q4

エ

(1) パレート図では，データの大きい不適合品数の順に並べる．ただし,「その他」の項目は最後にする．この条件を満たすのはイとエである．

(2) パレート図は，左縦軸に不適合品数を，右縦軸に累積百分率を記載する．そして，不適合品の項目ごとの不適合品数を棒グラフで，その累積百分率を折れ線グラフで記入する．この条件を満たすのはウとエである．

(1)と(2) により正解はエとなる．

また累積曲線は，その他を除けば左上方向に凸となる．これから判断すれば，エであることが一目でわかる．

Q5

(1) ×　東京大学の故石川馨博士が日本で考案されたものである．

(2) ×　1つの特性に対して，要因を 4 Mで分けた特性要因図や工程で分けた特性要因図を作成することが多い．しかしながら，とくにこうしなければならないという取り決めはない．

(3) ○

(4) ×　ブレーン・ストーミングは，小グループによるアイデア発想法の一つで，各人が自由奔放にアイデアを出し合い，互いの発想の異質さを利用して連想を行うことによって，さらに多数のアイデアを生み出そうという集団発想法である．その際，①批判禁止，②自由奔放，③量を多く，④便乗歓迎　の4つの規則を守るのが重要である．

(5) ×　特性要因図の特性は目的を表わす表現ではなく，結果の悪さを表わす表現にする．

Q6

(1) ウ：不適合項目調査用

どんな不適合項目が，どのような傾向で発生しているか，あらかじめ発生が予想される項目を書き入れたシート（様式）を用意し，不適合が発生するたびに，該当する項目にチェックを入れて調べていくときに使うものである．

(1) はある衣服の不適合項目を1週間集計した不適合項目調査用チェックシートである．全体としてどの不適合項目が多いか，曜日によって不適合項目に差がないかを調べて，不適合の発生する要因を追究して処置に結びつけるために使われている．

(2) イ：不適合要因調査用

不適合品や不適合の発生状況を要因別に層別してチェックを行い，不適合品や不適合がどうして発生するのか，その要因を調べるときに使うものである．

(2) は，自動車のある部品の不適合要因調査用チェックシートである．機械別，作業者別，曜日別，午前・午後別，不適合項目別に層別して調査しているため，不適合発生の層間の違いもわかる．

(3) ア：不適合位置調査用

ある場所の，どの位置に，どんな不適合がどのくらい発生しているかを，あらかじめ用意した場所や製品の図，スケッチなどに発生の都度チェックを入れて，調べる時に使うものである．

(3) は，自動車ボディー塗装外観不適合位置調査用チェックシートである．

ボディーの不適合位置にチェックマークを入れるだけで，不適合別の発生場所がつかめ，不適合発生の削減に役立つ．

(4) エ：点検・確認用

あらかじめ点検・確認すべき項目を，作業の手順あるいはスケジュールや準備の時間順に全部リストアップしておくことにより，必要な項目を抜け・落ちなく，しかも確実に行うものである．

(4) は，自動車完成ラインの点検・確認用チェックシートである．日常の作業を正しく行うために，各部位での点検・確認が必要な内容をリストアップしてある．

Q7

(1) ○　$\sqrt{n} = \sqrt{100} = 10$ となる．

(2) ×　12.5，12.6 のデータがあることを考えると，0.1 と判断するのが正しいといえる．

(3) ○　$\dfrac{85.6 - 65.4}{10} = 2.02$ であり，0.1 の倍数としては，2.0 が妥当である．

(4) ×　$\text{データの最小値} - \dfrac{\text{測定単位}}{2} = 65.4 - \dfrac{0.1}{2} = 65.35$　となる．

Q8

(1) イ：9　　(2) カ：2.5　　(3) ク：96.25

手順 3 から手順 6 に関する問題である．

仮の区間の数は，$\sqrt{n} = \sqrt{80} \fallingdotseq 9$　となる．

区間の幅は，$\dfrac{\text{データの最大値} - \text{データの最小値}}{\text{仮の区間の数}} = \dfrac{118.5 - 96.5}{9} \fallingdotseq 2.4$

となる．

したがって，測定単位 0.5 の整数倍で，2.4 に近い値は，2.5 となる．

一番下の区間の下側の境界値は，

$\text{データの最小値} - \dfrac{\text{測定単位}}{2} = 96.5 - \dfrac{0.5}{2} = 96.25$ となる．

Q9 製品Bの重量のヒストグラム
(1) ア：正常型
(2) ク：ほぼ規格中央
(3) ス：規格の幅より標準偏差の6倍のほうが小さい
(4) セ：不適合品は発生していない
製品Cの重量のヒストグラム
(5) エ：ふた山型
(6) ケ：規格中央より上側
(7) シ：規格の幅より標準偏差の6倍のほうが大きい
(8) タ：上限規格からはずれた不適合品が発生している

Q10 (1) ×　一般に2つのデータ関係を問題にする場合には，
①　要因と特性との関係（例：気温とビール売上数）
②　ある特性と他の特性との関係（例：ビール売上数と清涼飲料水売上数）
③　要因と要因との関係（例：気温と湿度）
であったりする．よって，要因と特性との関係だけとは限らない．

(2) ○　2つの特性値の一方が大きくなると，もう一方も大きくなるような関係を正の相関という．逆に，一方が大きくなるともう一方が小さくなるような関係を負の相関という．

(3) ○　2つのデータともに，いずれも原則として計量値が好ましい．数値データには計量値と計数値の2種類がある．
計量値とは，長さ・重量・温度・生産量などのように，連続的に変化する値をとるものをいう．共通していえることは「量が計れるもの」である．
計数値とは，欠勤者数，不適合品の個数，機械の停止回数などのように，1つ，2つ，……あるいは1回，2回，……というように，「個数を数える」データのことである．

(4) ×　30組以上あるとよいとされている．できることなら，50組，100組と多くのデータが欲しい．

(5) ○　打点がほぼ円形になっている場合，2つのデータは互いに影響し合っていないので，両者の間には相関がない．このことを無相関であるという．

(6) ○　正方形でなく，極端に長さの異なった長方形の形であると，相関の関係が強調されたりすることがあるので注意を要する．そのためにも，図全体の形が正方形となるようにしておく．

(7) ×　横軸（x 軸）に原因系（要因），縦軸（y 軸）に結果系（特性）をとる．

要因と要因との関係や特性と特性との関係を調べるときのように，2つのデータの間に原因系，結果系の関係がなければ，どちらのデータをどの軸にとっても差し支えない．

(8) ×　散布図を作成する場合には，x 軸・y 軸ともに原点を「0」とする必要はない．対となっているデータのそれぞれの最小値と最大値を求め，両データの最小値をできるだけ原点近くにとる．

(9) ○　題意のような場合に，本来の特性の代わりとなる代用特性を散布図を用いて探すことは有効である．その際には，相関関係をしっかりと把握しておく必要がある．

(10) ○　作成した散布図から明らかに「相関関係がある」，あるいは「相関関係がない」と判断できるときはよいが，相関関係が明確でない場合は，人によって判断が異なるケースが生じる．

このような場合には，相関関係の強さを尺度化した相関係数 r を求めておくと，r の値に基づき客観的な判断ができる．相関係数 r は $-1 \leqq r \leqq 1$ の値をとり，r が -1 または $+1$ に近づくほど強い相関関係があり，$r = \pm 1$ のときは，データの点はすべて直線上にある．

これに対して，r が 0 に近づけば近づくほど相関関係が弱くなり，データの点は直線上から散らばり，楕円形から円形状になっていく．

また，符号検定という簡単な方法があり，計算も容易なので，現場でも非常に役立つ方法である．

(1) イ：30 組以上　(2) イ：最大値　(3) イ：ほぼ等しい長さ

Q12

(1) エ：正の相関　(2) カ：強い正の相関　(3) ア：強い負の相関
(4) キ：負の相関　(5) イ：無相関　(6) ウ：回帰曲線の関係
(7) オ：異常点がある

相関の判定においてはいくつかの言い回しがある．ここでは，代表的な表現を記しておく．

(1)「正の相関」

x が増加すれば y も増加する傾向にあるが，その関係が弱い場合に使う．y の値が x 以外の影響を受けていることが考えられるので，x が要因で y が特性の場合には，x だけに絞らずに，y に影響すると考えられる他の要因についても調べる必要がある．

(2)「強い正の相関」

x が増加すれば y も直線的に増加する傾向が強い場合にいう．x が要因で y が特性の場合には，x を正しく管理すれば y も管理できる．また,x も y も特性の場合には,x の値がわかれば y の値を推測できる．

(3)「強い負の相関」

x が増加すれば y が直線的に減少する傾向が強い場合にいう．(2)の場合と同様に，x が要因で y が特性の場合には，x を正しく管理すれば，y も管理できる．また，x も y も特性の場合には x の値がわかれば y の値を推測できる．

(4)「負の相関」

x が増加すれば y が減少する傾向にあるが，その関係が弱い場合に使う．y の値が x 以外の影響を受けていることが考えられるので，x が要因で y が特性の場合には，x だけに絞らずに，y に影響すると考えられる他の要因についても調べる必要がある．

(5)「無相関」

x が増えても y の値に影響しない場合に用いる．x は y に影響していないわけであるから，x が要因で y が特性の場合には，x 以外で y と相関のある要因を見つけ出す必要がある．

(6)「２次曲線の関係がある」

相関という場合には，回帰直線の関係があるかどうかを表わすが，このケースのように曲線関係を示す場合もある．

(7)「異常点」

特異的に飛び離れた点のことを「異常点」という．このような場合には，データの履歴からその原因を調べる必要がある．異常点を含めたまま相関係数を求めてしまうと，異常点が相関係数に影響してしまい判断を誤る場合もあるので注意を要する．

Q13

(1) イ：売上額　　(2) イ：プール入場者数
(3) ウ：どちらでもよい　　(4) ア：売上額
(5) ウ：どちらでもよい

Q10(1) の解説においても記載したように，一般に2つのデータ関係を問題にする場合には，次の3通りがある．

① 要因と特性との関係
② ある特性と他の特性との関係
③ 要因と要因との関係

とくに，①のケースのときに注意が必要である．要因と特性との関係の場合には，要因を x，特性を y とする．そのことにより，要因 x が変化したときに特性 y への影響度を簡単に見ることができるからである．

(1) で解説すると,「客の人数」が「売上額」に影響を与えるので,「客の人数」が要因であり，「売上額」が特性となる．「売上額」が「客の人数」に影響を与えるとは通常考えにくい．

(2) の場合には，「気温」が「プール入場者数」に影響を与えるので,「気温」が要因であり，「プール入場者数」が特性となる．「プール入場者数」が「気温」に影響を与えることは考えられない．

(5) のケースで，読解力が数学のテスト結果に影響を与えているのではないかと仮説した場合には，読解力の指標として「国語のテストの得点」を要因 (x) とし，結果系である「数学のテストの得点」を特性 (y) とする．このような仮説がない場合には，「どちらでもよい」ということになる．

(1) オ：図形　　(2) ウ：変化　　(3) ク：時間的推移
(4) イ：帯グラフまたはエ：円グラフ　　(5) キ：レーダーチャート

グラフにはいろいろな種類があるので，目的にあった適切なグラフを選定することが重要である．同じ用途で数種類のグラフを描けるが，何を理解させるか，何を解析するかをはっきりさせて，もっとも適切なグラフを作成するとよい．場合によっては併用することも必要である．

Q15

(1)　ア：母集団　(2)　エ：分割　(3)　オ：共通部分
(4)　ク：特性　(5)　ケ：均一

⑭ 新 QC 七つ道具

従来，職場では QC 七つ道具や統計的手法などの数値データを中心とした手法を活用してきた．しかし，職場には数値データがとりにくい問題も数多くある．例えば，「魅力的な企画とは」「経営施策を具体化するためには」「このプロジェクトにおける真の問題とは」などの問題は，数値データだけでは解決できない．このような問題の解決に有効な手法が“新 QC 七つ道具”である．

新 QC 七つ道具とは，言語データを整理し，図にまとめていくことによって問題を解決していく手法である．

新 QC 七つ道具には，親和図法，連関図法，系統図法，マトリックス図法，マトリックス・データ解析法，アロー・ダイヤグラム法，PDPC 法，の 7 つの手法がある．略して N7 とも呼ばれる．

これらの手法を使い，複雑な事象を言語データで表し，図に整理する．新 QC 七つ道具は，言語データを図として，目に見える形とする手法であるため，誰が見ても簡単に理解でき，共通認識を得ることができる．したがって N7 は周囲の協力も得られやすい手法である．

新 QC 七つ道具は主として問題解決における計画段階に用いる手法であり，PDCA サイクルの主として Plan (計画) の段階を充実させるための手法である．新 QC 七つ道具の各手法を単独で活用するのもよいが，問題解決のあらゆる局面で各手法を組み合わせて活用するとより効果的である．

14.1 親和図法

親和図法とは，「未来・将来の問題，未知・未経験の問題」など，モヤモヤとしてはっきりしていない問題について，事実，意見，発想を言語データでとらえ，それらの相互の親和性（なんとなく似ている，同じ感じがする）によって統合した図を作ることにより，解決すべき問題の所在，形態を明らかにしていく方法である（図 14.1）．

用途として，「問題は一体どこにあるのだろうかを明らかにしたい」とか「あるべき姿を明らかにしたい」などに用いるとよい．

図 14.2 は，システム開発のプロジェクトリーダーが集まり，どうしたらプ

ロジェクトを成功させることができるか，あるべき姿を明らかにしていく際に親和図法を使用した事例である．

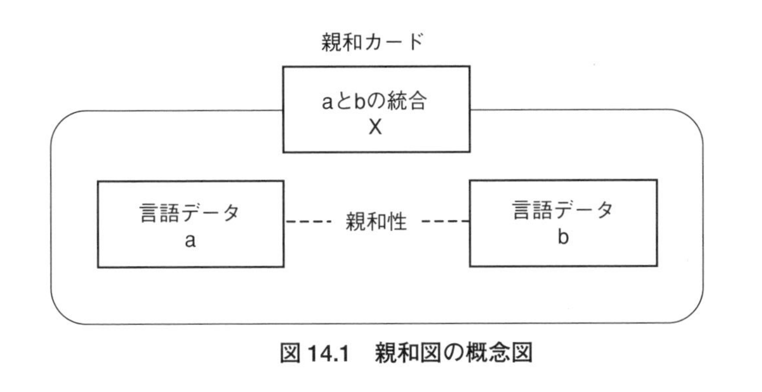

親和カード
aとbの統合
X
言語データ
a
親和性
言語データ
b

図 14.1　親和図の概念図

お客様の求めていること，変更への対応方法などが明確になっている
プロジェクト契約、体制が明確になっている
お客様とプロジェクトの契約が成立している
プロジェクトの体制が明確になっている
お客様の要求や条件が明確になっている
お客様の仕様が明確になっている
制約条件や過去の情報を把握している
変更管理方法が明確になっている
変更管理の体制が整っている
変更管理の手順が明確になっている
進捗管理、品質管理について管理されている
見積りについて検証されている
見積りの根拠が説明できる
見積りについて社内の合意がとれている
進捗管理が行われている
進捗管理の進め方やツールが決まっている
進捗管理結果が報告されている
品質管理が具体的に実施されている
品質管理の進め方やツールが決まっている
品質管理結果が報告されている

図 14.2 「プロジェクトを成功させるためには」の親和図（一部抜粋）

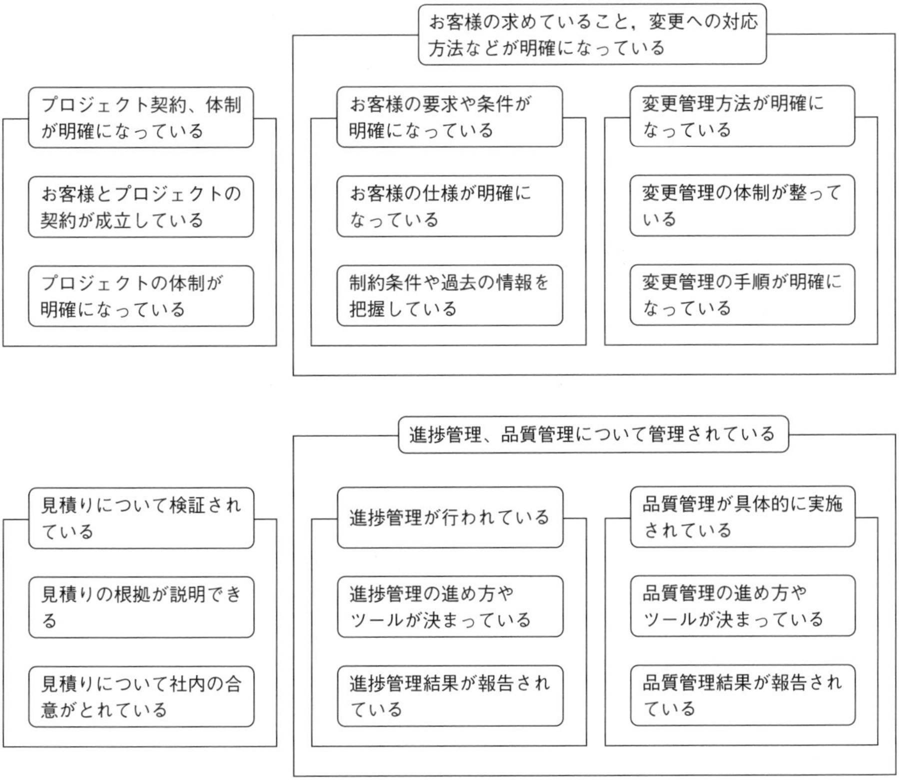

14.2 連関図法

連関図法とは，原因－結果，目的－手段などの関係が複雑にからみあっている事柄について，因果関係のある要因を矢線で結びつけ，相互の関連性をわかりやすくし，問題解決の糸口を見つけ出すことを可能にする手法である（図14.3）．

用途として，解決すべき問題はつかめたが，「原因がモヤモヤしていて今ひとつはっきりしない」「解決へ導くための切り口が見つからない」など混沌とした状態を整理して，手を打つべき本当の原因を見つけるために用いるとよい．

図14.4は，ある開発チームにて意思の疎通がうまくいかず，「なぜ意思の伝達能力が不十分なのか」本当の原因を明らかにするために連関図法を使用して，問題解決の糸口を見つけ出す際に用いた事例である．

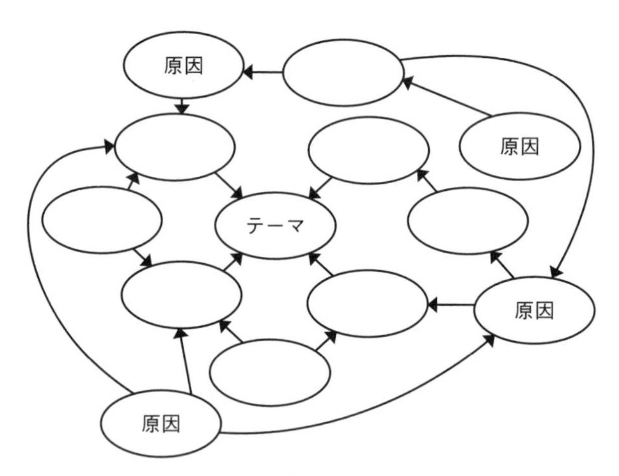

図14.3　連関図の概念図

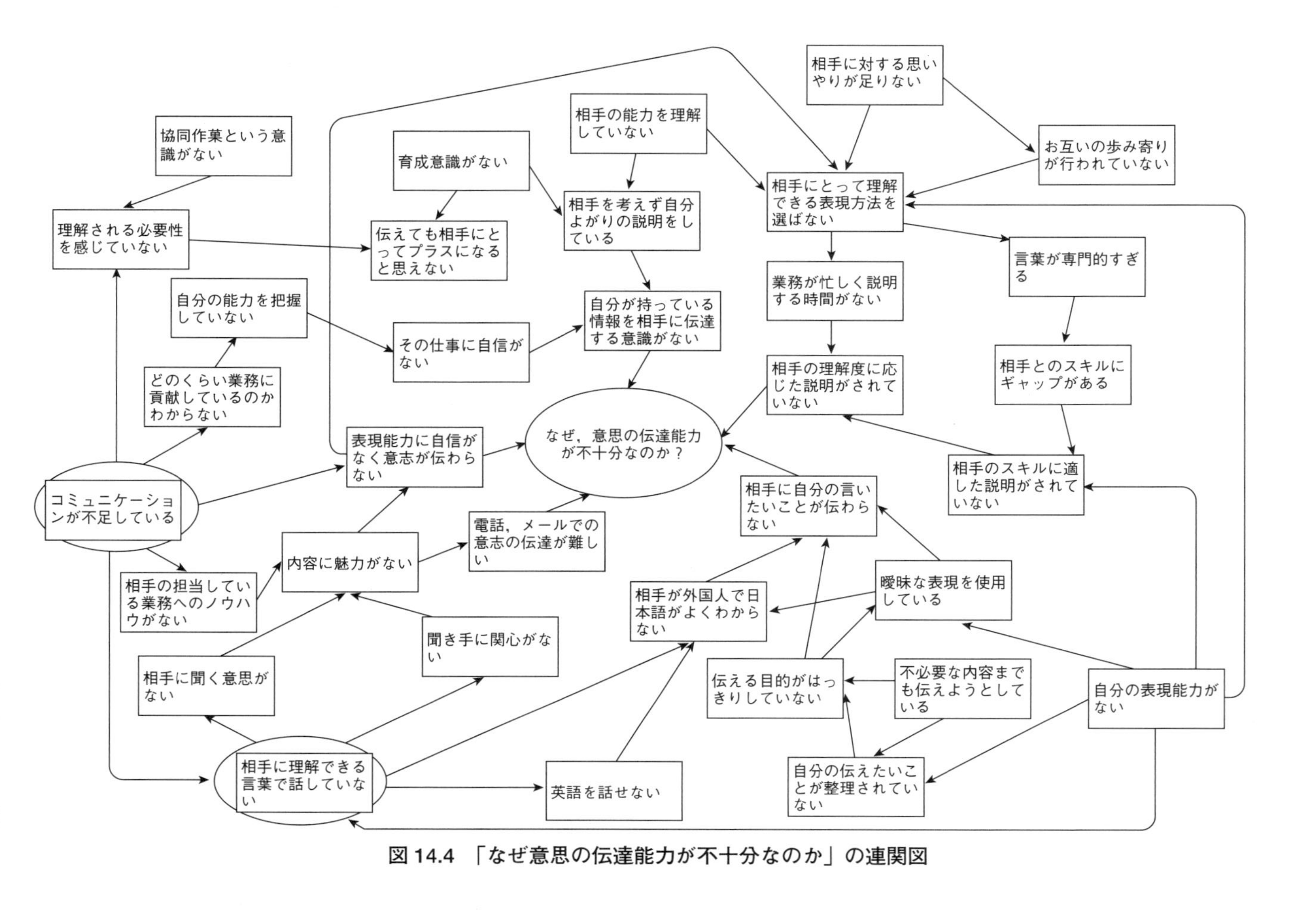

図 14.4 「なぜ意思の伝達能力が不十分なのか」の連関図

14.3 系統図法

系統図法とは，目的（目標）を達成するために，必要な手段（方策）を木の枝のように分解し，これを系統的に展開していくことによって次第に具体的なものとし，実施可能で重要な手段（方策）をみつける手法である（図 14.5）.

系統図法は大きく分けて，対象を構成している要素を目的－手段の関係に展開する「構成要素展開型」と問題解決や目的・目標を果たすための手段・方策を系統的に展開していく「方策展開型」の 2 種類がある.

用途としては，「コストダウンのための方策の展開」や「新製品を開発するための方策の展開」などに用いる.

図 14.6 は，ある改善提案制度の推進部門にて，「改善提案制度を活性化するためには」について，方策を展開し，具体的な施策を検討したときに系統図法を使用した事例である.

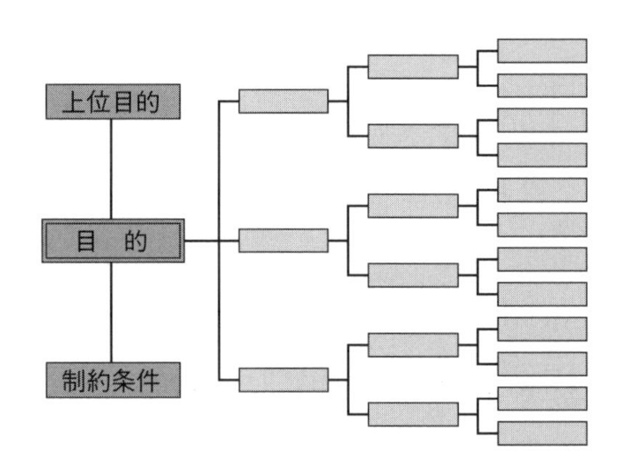

図 14.5　系統図の概念図

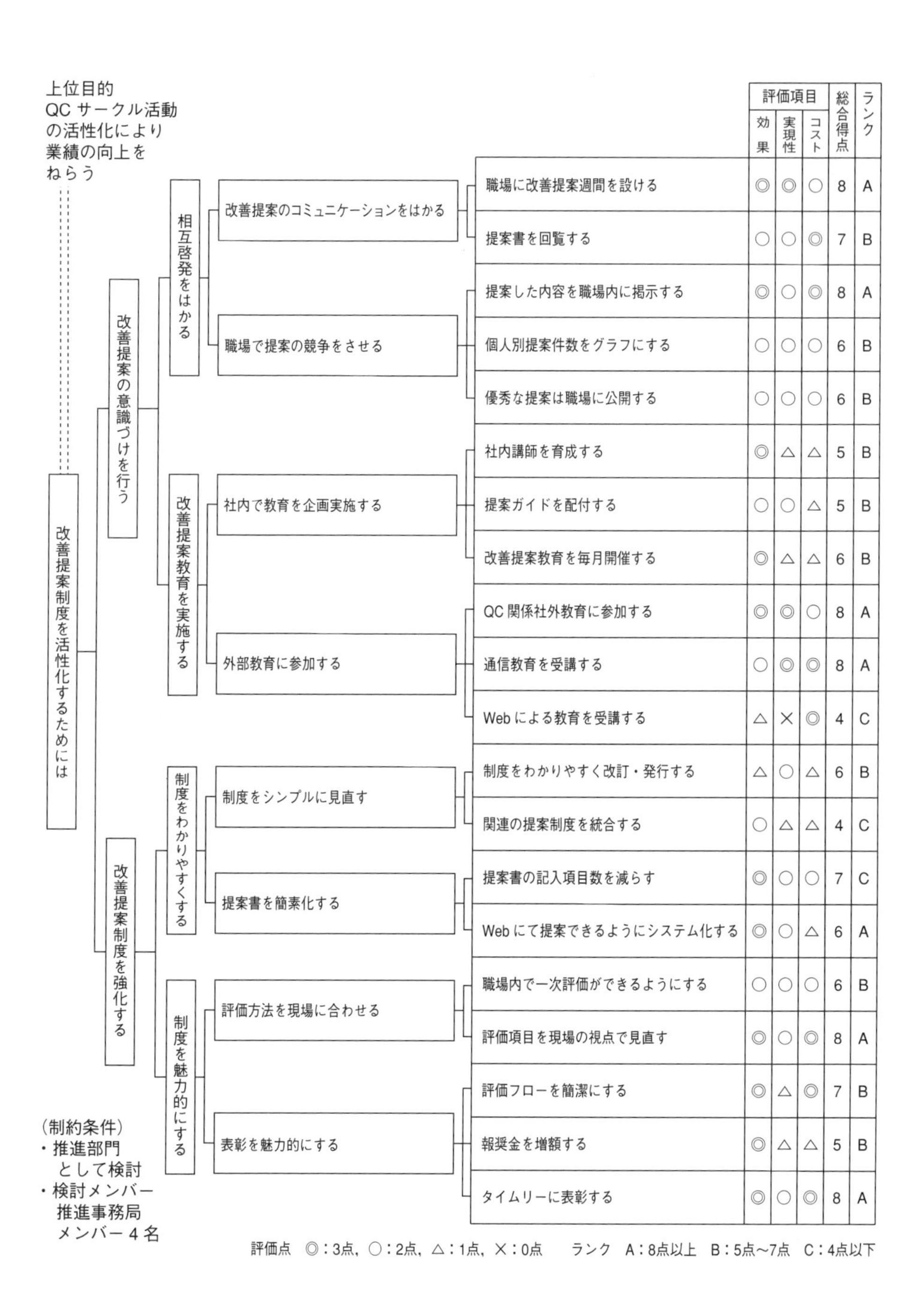

図 14.6 「改善提案制度を活性化するためには」の系統図法

14.4 マトリックス図法

マトリックス図法とは，ある問題に関連する要素どうしを組み合わせて考えることにより，解決への方向を見出す手法である（図 14.7）.

行に属する要素と，列に属する要素に構成された二元表の交点に着目して，二元的配置の中から問題の所在や問題の形態を探索したり，二元的関係の中から問題解決の着想を得たりする手法である.

用途として，問題の所在を明らかにしたり，仮説を立てたりするときに用いる.

図 14.8 は，あるレストランでお客様へのサービスにおいてムダ・ムラ・ムリがないか，改善の切り口を見つけるために，問題の所在を，改善の観点とサービスプロセスの 2 つの面からマトリックス図にて検討した事例である.

a ＼ b	b_1	b_2	…	b_j	…	b_n
a_1						
a_1						
⋮						
a_j						
⋮						
a_n						

図 14.7　マトリックス図の概念図

サービスプロセス ＼ 改善の観点	①ムダ	②ムラ	③ムリ
a）出迎え見送り挨拶	・1 組のお客様に，店員が別々に何度も出迎え，挨拶をしてしまった	・受付に誰もいないことがあった ・誰も見送り挨拶をしなかった	・フロアに 1 名しかいなかったため，1 名で出迎えと見送りを同時にやらざるを得なかった
b）席までの誘導	・1 組のお客様について，2 人がかりで席まで案内してしまった	・遅れて入ってきたお客様を席まで案内したり，しなかったりする	・お客様へ席を案内する際に近いという理由から狭い通路を無理矢理案内していた
c）注文のとり方	・同じお客様にランチメニューを 2 度も注文をとりに行った	・すぐに注文をとりに行ってしまったり，待たせたりする	・品切れになったものを受け付けてしまった
d）配膳時間・マナー	・料理を冷ましてしまったものを配膳した	・長く待たせることが時々あった	・置き方がバラバラであった

図 14.8　レストランにおけるサービスプロセスと改善の観点マトリックス

14.5 アロー・ダイヤグラム法

アロー・ダイヤグラム法とは，作業と作業を矢線で結び，その順序関係を表わすことにより，最適な日程計画をたて，計画の進度を効率よく管理する手法である.

プロジェクトを構成している各作業を矢線で表わし，作業間の先行関係に従って結合し，プロジェクトの開始と完了を表わすノードを追加したネットワーク図とも表現される（図 14.9）.

用途として，生産準備，建設計画やプロジェクトの実行計画を策定する際に用いる.

図 14.10 は，ある製品の製造計画について設計から組立，検査，引き渡しまでをアロー・ダイヤグラム法を用いて計画した事例である.

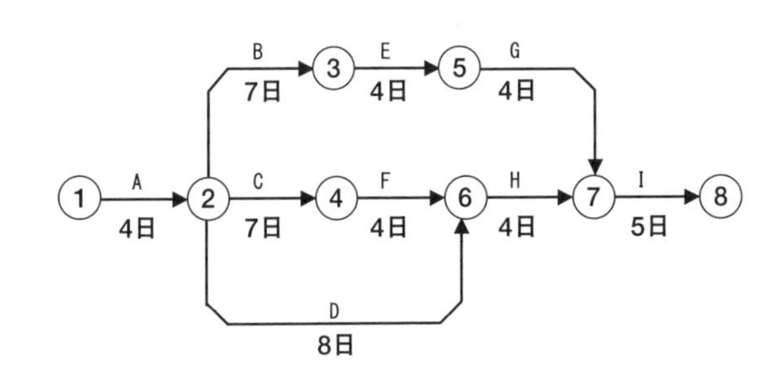

図 14.9　アロー・ダイヤグラム法の概念図

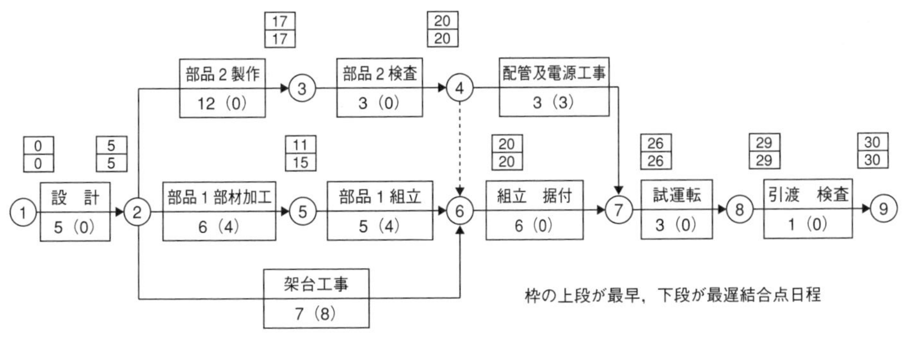

図 14.10　ある製品の製造計画のアロー・ダイヤグラム

14.6 PDPC法

PDPC法とは，計画を実施していくうえで，予期せぬトラブルを防止するために「事前に考えられる様々な結果を予測し，プロセスの進行をできるだけ望ましい方向に導く方法」である(図14.11).

PDPCはProcess Decision Program Chartの頭文字である.

用途として，事態が流動的で予測が困難な状況下において，実行計画を立案し，目標に向かって推進するような場合，たとえば重大クレーム処理や販売活動などの計画を立案する際に用いる.

図14.12は，ある家族が一戸建てをどうしたら購入できるか，PDPC法を用いて，事前にさまざまな結果を予測して検討した事例である.

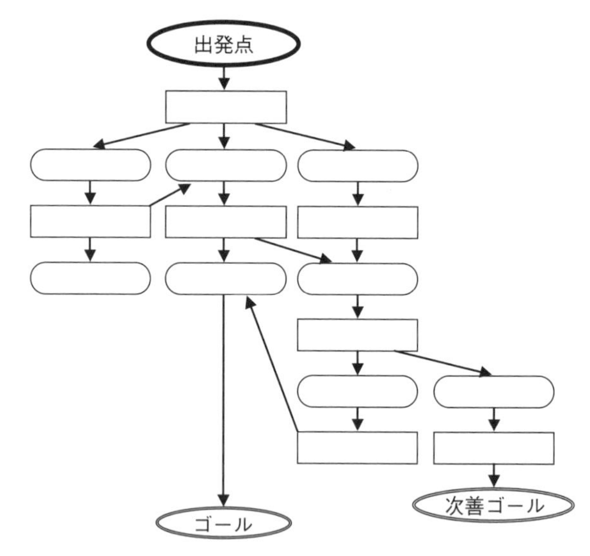

図14.11　PDPC法の概念図

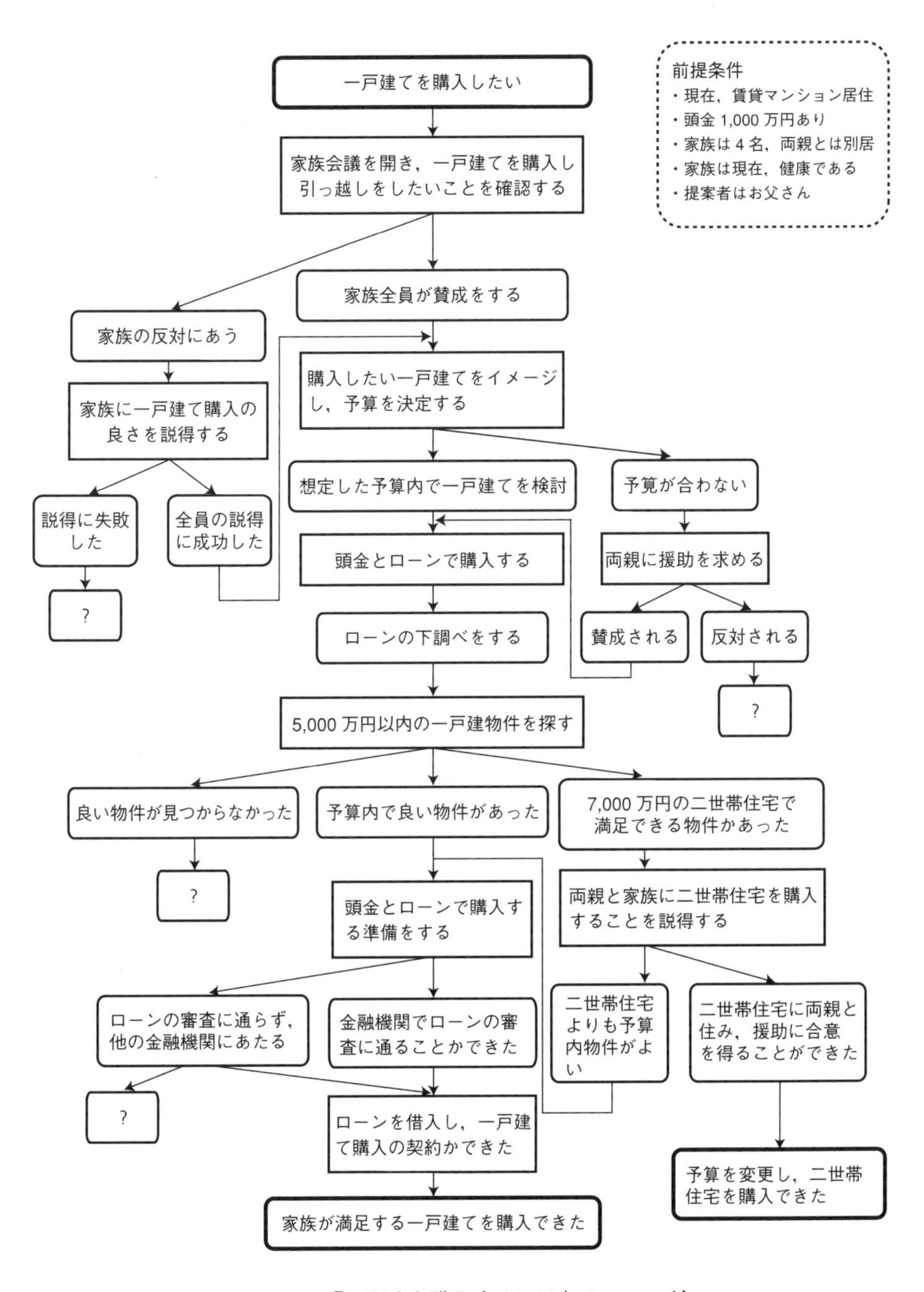

図 14.12 「一戸建を購入するには」の PDPC 法

14.7 マトリックス・データ解析法

マトリックス・データ解析法とは，大量の数値データを解析して，見通しのよい結論を得る手法である．これは新 QC 七つ道具の中で，ただ一つ数値データを扱い，計算を必要とするものである（図 14.13）．

この方法は，主成分分析と呼ばれる多変量解析法の一手法で，新 QC 七つ道具の中で唯一数値データ使用し，複雑な計算を伴う手法であり，数式展開を理解するうえでやや難解といえる．ただし，パソコン用のソフトが市販されており，利用者の立場で活用することができる．

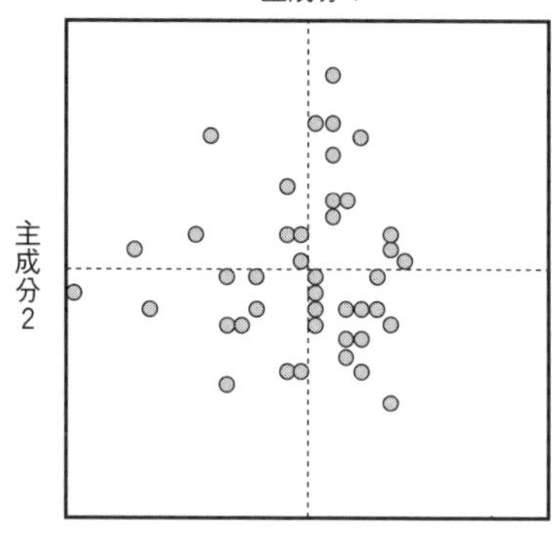

図 14.13　マトリックス・データ解析法の概念図

用途として，たくさんの項目を数個の項目で評価したい場合などに用いる．

図 14.14 は，ある学校で，生徒が教科によりできる生徒とできない生徒に分類し，どの学科系統で分けられるのか，またどのような生徒が分けられるのか明確にしたい．そのためにマトリックス・データ解析法を用いて，テストデータを解析し，今後の教育カリキュラム編成の参考とした事例である．

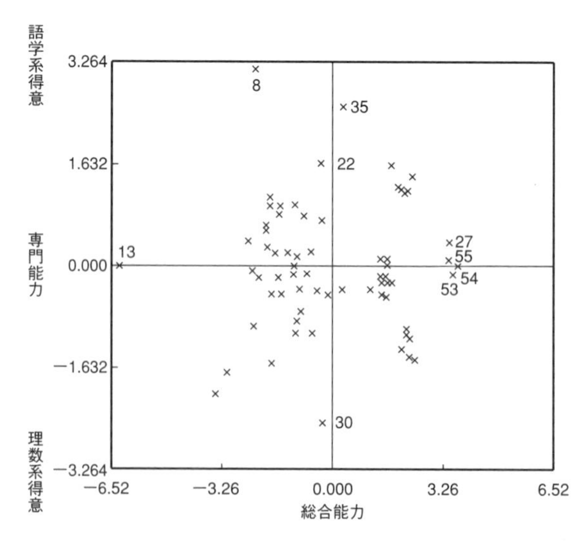

図 14.14　生徒の成績に関する主成分得点の散布図

演習問題

Q1

次の新 QC 七つ道具に関する文章において，[　　] 内に入るもっとも適切なものを 1 つ選び，その記号を解答欄にマークせよ．

① 職場において問題を解決するために役立つ手法として，QC 七つ道具と新 QC 七つ道具がある．QC 七つ道具は主として [(1)] データを扱う手法であり，新 QC 七つ道具は主として [(2)] データを扱う手法である．

② 新 QC 七つ道具といわれるのは以下の 7 つの手法である．
親和図法，[(3)]，[(4)]，マトリックス図法，[(5)]，アロー・ダイヤグラム法，[(6)]

③ 新 QC 七つ道具は，略して [(7)] と呼ばれる．

【選択肢】

ア：N 7	イ：言語	ウ：数値	エ：親和図法
オ：連関図法	カ：アロー・ダイヤグラム法		キ：系統図法
ク：マトリックス図法		ケ：マトリックス・データ解析法	
コ：PDPC 法			

Q2

新 QC 七つ道具に関する次の文章で，正しいものに○，正しくないものに × を選び，解答欄にマークせよ．

① 親和図法とは，「未来・将来の問題，未知・未経験の問題」など，モヤモヤとしてはっきりしていない問題について，事実，意見，発想を言語データでとらえ，それらの相互の親和性によって統合した図を作ることにより，解決すべき問題の所在，形態を明らかにしていく手法である． [(1)]

② アロー・ダイヤグラム法とは，原因－結果，目的－手段などの関係が複雑にからみあっている事柄について，因果関係のある要因を矢線で結びつけ，相互の関連性をわかりやすくし，問題解決の糸口を見つけ出すことを可能にする手法である． [(2)]

③ 連関図法とは，作業と作業を矢線で結び，その順序関係を表わすこと

により，最適な日程計画をたて，計画の進度を効率よく管理する手法である．
(3)

④　系統図法とは，目的（目標）を達成するために，必要な手段（方策）を木の枝のように分解し，これを系統的に展開していくことによって次第に具体的なものとし，実施可能で重要な手段（方策）をみつける手法である．
(4)

⑤　マトリックス図法とは，ある問題に関連する要素どうしを組み合わせて考えることにより，解決への方向を見出す手法である．行に属する要素と，列に属する要素に構成された二元表の交点に着目して，二元的配置の中から問題の所在や問題の形態を探索したり，二元的関係の中から問題解決の着想を得たりする手法である．
(5)

⑥　PDPC 法とは，大量の数値データを解析して，見通しのよい結論を得る手法である．これは新 QC 七つ道具の中で，ただ一つ数値データを扱い，計算を必要とするものである．
(6)

⑦　マトリックス・データ解析法とは，計画を実施していくうえで，予期せぬトラブルを防止するために事前に考えられるさまざまな結果を予測し，プロセスの進行をできるだけ望ましい方向に導く手法である．
(7)

Q3

次の文章は新 QC 七つ道具に関する事項について述べたものである．次の文章について，それぞれ手法の名称，図の記号を選択肢より選び，解答欄にマークせよ．

①　目的（目標）を達成するために，必要な手段（方策）を木の枝のように分解し，これを系統的に展開していくことによって次第に具体的なものとし，実施可能で重要な手段（方策）を見つける手法

手法の名称：①（　　　　　　）

図の記号：　②［　　　　　］

②　行に属する要素と，列に属する要素に構成された二元表の交点に着目して，二元的配置の中から問題の所在や問題の形態を探索したり，二元的関係の中から問題解決の着想を得たりする原因と結果など着目すべき事柄の，対になる要素を行と列に配列し，要素と要素の交点に関連性の有無や度合いを表示し，問題解決への手がかりをつかむ手法．

手法の名称：③（　　　　　　　）

図の記号　：④［　　　］

③「未来・将来の問題，未知・未経験の問題」などモヤモヤとしてはっきりしていない問題について，事実，意見，発想を言語データでとらえ，それらの相互の親和性によって統合した図を作ることにより，解決すべき問題の所在，形態を明らかにしていく方法.

手法の名称：⑤（　　　　　　　）

図の記号　：⑥［　　　］

④　原因－結果，目的－手段などの関係が複雑にからみあっている事柄について，因果関係のある要因を矢線で結びつけ，相互の関連性をわかりやすくし，問題解決の糸口を見つけ出すことを可能にする手法.

手法の名称：⑦（　　　　　　　）

図の記号　：⑧［　　　］

【選択肢：手法の名称】

ア：親和図法　イ：連関図法　ウ：系統図法

エ：マトリックス図法　オ：マトリックス・データ解析法

カ：アロー・ダイヤグラム法　キ：PDPC 法

【選択肢：図の記号】

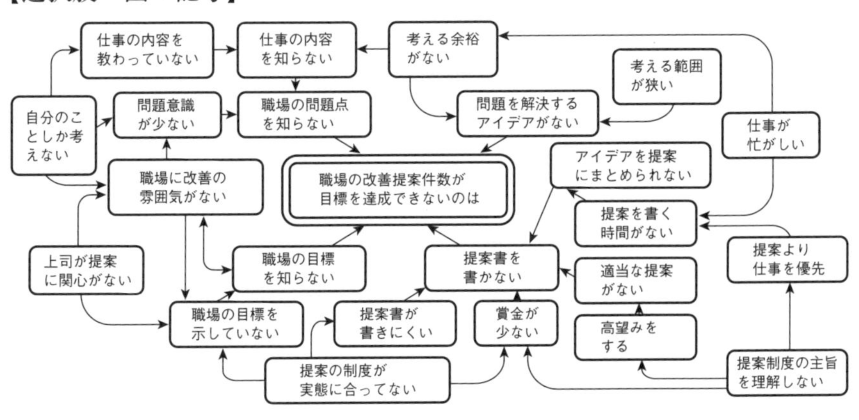

図 A

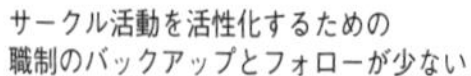

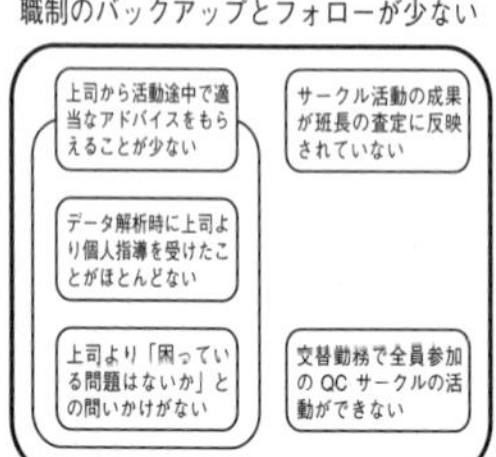

形だけのQCサークル活動が低調をまねいている

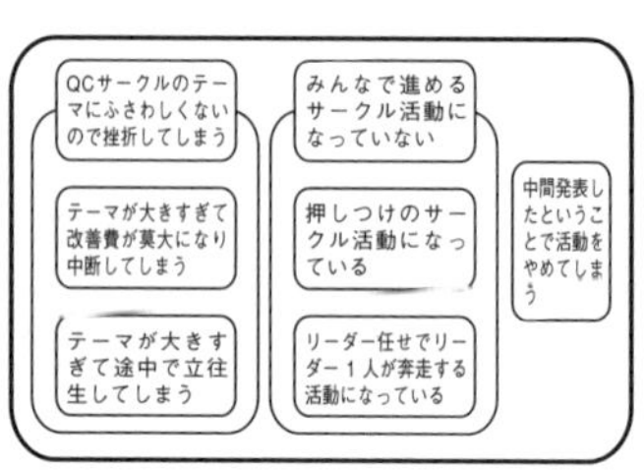

サークル活動の質を高めるための
相互啓発の機会が少ない

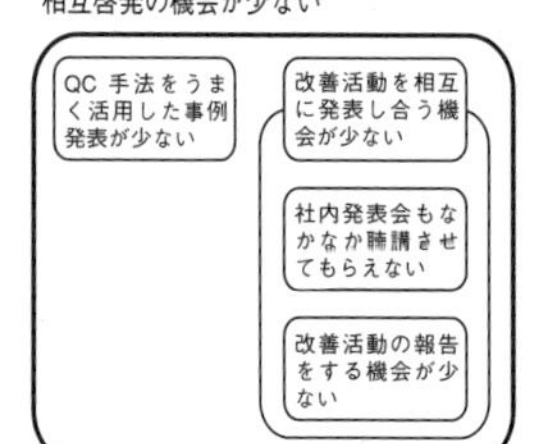

人間関係のむつかしさから
チームワークがとれずリーダーは悩んでいる

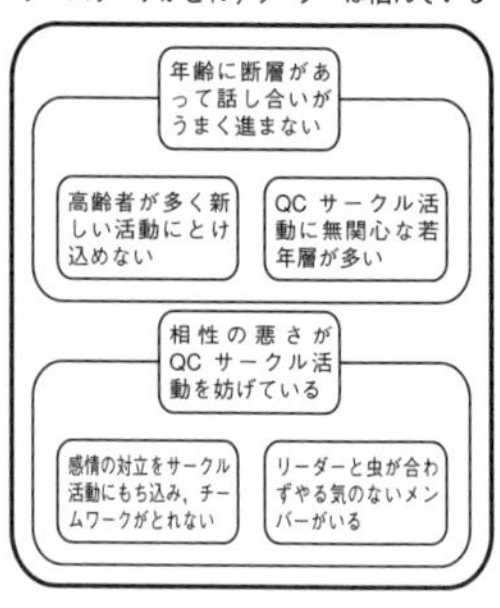

積極的にQCサークル活動に
取り組もうとする雰囲気が職場に見られない

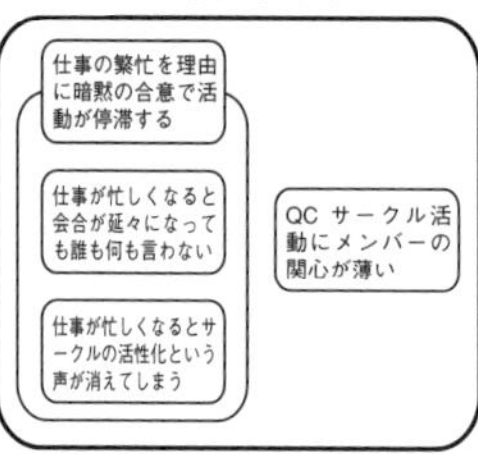

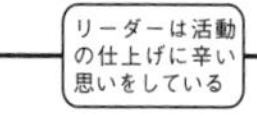

格好よく報告書を書くのが苦手である

人前でサークル活動の発表をするのが苦痛である

図 B

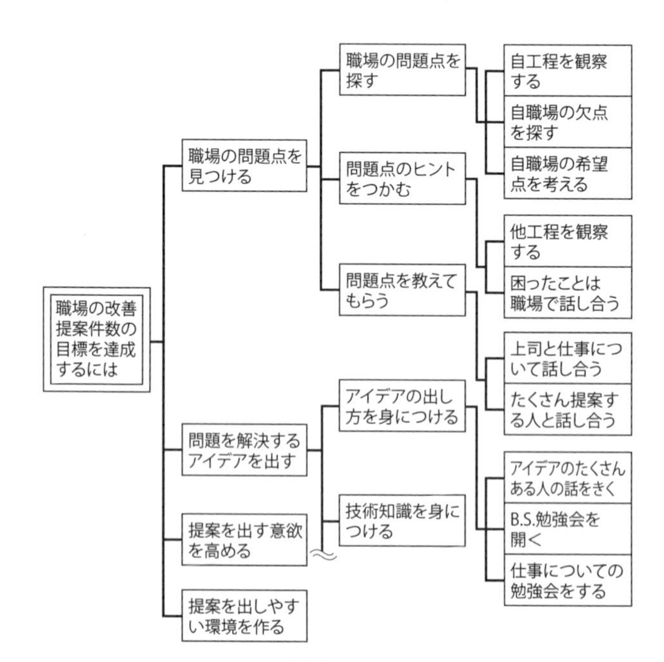

図 C

問題点＼評価項目	要求度			サークル実力			評価点数
	重要度	緊急度	経済性	全員参加	自力解決	期間	
OA 機器問い合わせ対応に時間がかかる	◎	◎	○	◎	◎	◎	17
プログラム開発の知識が不足している	◎	○	◎	△	△	○	12
電話料金振替え作業に時間がかかる	◎	◎	○	○	◎	○	15
パソコンの待ち時間が長い	◎	◎	△	○	○	○	13

図 D

解答と解説

Q1

(1) ウ：数値　(2) イ：言語　(3) オ：連関図法　(4) キ：系統図法
(5) ケ：マトリックス・データ解析法　(6) コ：PDPC 法
(7) ア：N 7

※(3)～(6) は順不同で可.

新 QC 七つ道具の特徴，使い方などについての問題である．新 QC 七つ道具は主に言語データを扱う手法である．主に数値データを扱っていた従来の QC 七つ道具と相互に補完しあい，問題解決の手法として，大きく貢献している.

Q2

(1) ○　(2) ×　(3) ×　(4) ○　(5) ○　(6) ×　(7) ×

新 QC 七つ道具の特徴や目的を正しく理解する問題である.

(2) この説明は連関図法のものである．アロー・ダイヤグラム法とは作業と作業を矢線で結び，その順序関係を表わすことにより，最適な日程計画をたて，計画の進度を効率よく管理する手法である.

(3) この説明はアロー・ダイヤグラム法のものである．連関図法とは原因－結果，目的－手段などの関係が複雑にからみあっている事柄について，因果関係のある要因を矢線で結びつけ，相互の関連性をわかりやすくし，問題解決の糸口を見つけ出すことを可能にする手法である.

(6) この説明はマトリックス・データ解析法のものである．PDPC 法とは，計画を実施していく上で，予期せぬトラブルを防止するために事前に考えられるさまざまな結果を予測し，プロセスの進行をできるだけ望ましい方向に導く手法である．

(7)　この説明はPDPC法のものである．マトリックス・データ解析法とは，大量の数値データを解析して，見通しのよい結論を得る手法である．これは新QC七つ道具の中で，ただ一つ数値データを扱い，計算を必要とするものである．

Q3

(1) 手法の名称：(　ウ：系統図法　)
図の記号　：[　C　]
(2) 手法の名称：(　エ：マトリックス図法　)
図の記号　：[　D　]
(3) 手法の名称：(　ア：親和図法　)
図の記号　：[　B　]
(4) 手法の名称：(　イ：連関図法　)
図の記号　：[　A　]

この問題は新QC七つ道具の各手法の特徴や目的とそれぞれの図を選択する問題である．

⑮ 統計的方法の基礎

15.1 正規分布

安定した工程で造られた製品の寸法などの計量値データを100個集めて，ヒストグラムを作成すると（横軸：計量値データの特性値，縦軸・度数），多くの場合，図15.1のような形になる．そして，データ数を増やし，区間の幅を小さくすると，図15.2のようになめらかなヒストグラムになる．

データ数を無限に増やし，区間の幅を小さくし，確率の概念を入れ，曲線の下の面積の確率が1となるように，縦軸を確率密度に変換すると，図15.3に示す中央が最も高く左右に裾をひいた左右対称のきれいな分布となる．この分布は正規分布とよばれ，計量値の分布のなかで最も代表的なものである．

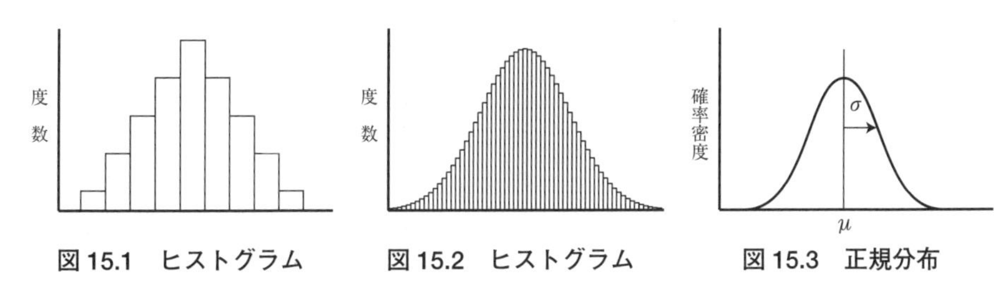

図15.1　ヒストグラム　　図15.2　ヒストグラム　　図15.3　正規分布

正規分布は，母平均 μ と母分散 σ^2 により決まる分布なので，母平均と母分散を使い $N(\mu, \sigma^2)$ と表す．正規分布における x の値を $u = \dfrac{x - \mu}{\sigma}$ の式で変換することを規準化という．u の分布は規準正規分布とよばれ，$N(0, 1^2)$ となる．この規準正規分布を用いて正規分布での確率を求めることができる．

なお，正規分布では，以下の確率をとることがわかっている．

データが母平均 $\pm 1\sigma$ の範囲に入る確率は68.3%

データが母平均 $\pm 2\sigma$ の範囲に入る確率は95.4%

データが母平均 $\pm 3\sigma$ の範囲に入る確率は99.7%

正規分布における x の値から確率Prを求める場合，正規分布表（表15.1）を用いる．まず，x は規準化の式により u に変換する．正規分布表の左第1列は，u の小数点以下第1位までの値を示し，正規分布表の上第1行は，u の小数点以下第２位の値を示している．そして，u の小数点以下第１位までの値と u の小数点以下第２位の値の交わる箇所が，対応する Pr となる．

表 15.1　正規分布表

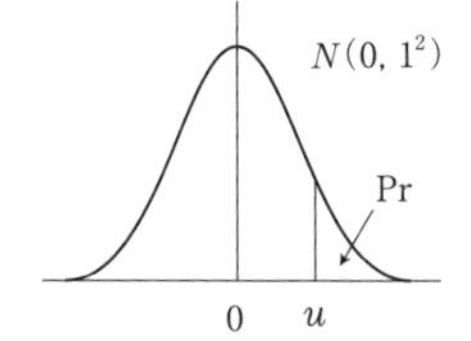

u	0.00	0.01	0.02	0.03	0.04	0.05	0.06	0.07	0.08	0.09
0.0	0.500	0.496	0.492	0.488	0.484	0.480	0.476	0.472	0.468	0.464
0.1	0.460	0.456	0.452	0.448	0.444	0.440	0.436	0.433	0.429	0.425
0.2	0.421	0.417	0.413	0.409	0.405	0.401	0.397	0.394	0.390	0.386
0.3	0.382	0.378	0.375	0.371	0.367	0.363	0.359	0.356	0.352	0.348
0.4	0.345	0.341	0.337	0.334	0.330	0.326	0.323	0.319	0.316	0.312
0.5	0.309	0.305	0.302	0.298	0.295	0.291	0.288	0.284	0.281	0.278
0.6	0.274	0.271	0.268	0.264	0.261	0.258	0.255	0.251	0.248	0.245
0.7	0.242	0.239	0.236	0.233	0.230	0.227	0.224	0.221	0.218	0.215
0.8	0.212	0.209	0.206	0.203	0.201	0.198	0.195	0.192	0.189	0.187
0.9	0.184	0.181	0.179	0.176	0.174	0.171	0.169	0.166	0.164	0.161
1.0	0.159	0.156	0.154	0.152	0.149	0.147	0.145	0.142	0.140	0.138
1.1	0.136	0.134	0.131	0.129	0.127	0.125	0.123	0.121	0.119	0.117
1.2	0.115	0.113	0.111	0.109	0.108	0.106	0.104	0.102	0.100	0.099
1.3	0.097	0.095	0.093	0.092	0.090	0.089	0.087	0.085	0.084	0.082
1.4	0.081	0.079	0.078	0.076	0.075	0.074	0.072	0.071	0.069	0.068
1.5	0.067	0.066	0.064	0.063	0.062	0.061	0.059	0.058	0.057	0.056
1.6	0.055	0.054	0.053	0.052	0.051	0.050	0.049	0.048	0.047	0.046
1.7	0.045	0.044	0.043	0.042	0.041	0.040	0.039	0.038	0.038	0.037
1.8	0.036	0.035	0.034	0.034	0.033	0.032	0.031	0.031	0.030	0.029
1.9	0.029	0.028	0.027	0.027	0.026	0.026	0.025	0.024	0.024	0.023
2.0	0.023	0.022	0.022	0.021	0.021	0.020	0.020	0.019	0.019	0.018
2.1	0.018	0.017	0.017	0.017	0.016	0.016	0.015	0.015	0.015	0.014
2.2	0.014	0.014	0.013	0.013	0.013	0.012	0.012	0.012	0.011	0.011
2.3	0.011	0.010	0.010	0.010	0.010	0.009	0.009	0.009	0.009	0.008
2.4	0.008	0.008	0.008	0.008	0.007	0.007	0.007	0.007	0.007	0.006
2.5	0.006	0.006	0.006	0.006	0.006	0.005	0.005	0.005	0.005	0.005
2.6	0.005	0.005	0.004	0.004	0.004	0.004	0.004	0.004	0.004	0.004
2.7	0.004	0.003	0.003	0.003	0.003	0.003	0.003	0.003	0.003	0.003
2.8	0.003	0.003	0.002	0.002	0.002	0.002	0.002	0.002	0.002	0.002
2.9	0.002	0.002	0.002	0.002	0.002	0.002	0.002	0.002	0.001	0.001
3.0	0.001	0.001	0.001	0.001	0.001	0.001	0.001	0.001	0.001	0.001

表の使い方（例）：u が 1.96 に対応する確率（Pr）は，第１列 1.9 と第１行 0.06 に対応する「0.0250」となる．

15.2 二項分布

計数値には，製品1台あたりのキズの数のように，0から無限大までの値をとるデータと，良・不良，合格・不合格のように2つしかないデータがある．後者のデータは二項分布に従うことがわかっている，つまり，二項分布とは，結果が良か不良かのいずれかである n 回の独立な試行を行ったときの不良数で表される離散確率分布である（ただし，良品数として考えても同じである）．そして，独立な施行での不良率を P であらわすとき，二項分布は $B(n,\ P)$ で示される．

n 回の施行での不良数を x とすると，確率変数 x は $0,\ 1,\ \cdots,\ n$ の値をとる．その際，$x = r$ となる確率は，二項分布に従うので，以下の数式で示すことができる．

$$P(x = r) = {}_nC_x \cdot P^x \cdot (1-P)^{n-x} \quad (r = 0,\ 1,\ 2,\ \cdots,\ n)$$

ここで，${}_nC_x = \dfrac{n!}{r!(n-r!)}$ である．

試行数 n が大きい場合，上式での計算（直接法）は大変である．しかし，試行数 n が大きい場合には，分布は正規分布に近づくので，正規分布に近似して計算を行うのが簡便である．二項分布の正規近似には，直接近似，ロジット変換による近似，逆正弦変換による近似が知られている．正規近似することにより，正規分布に基づく検定や推定を行うことが可能となる．

管理図において，p 管理図，np 管理図の管理線（中心線，上方管理限界，下方管理限界）は，二項分布を正規分布への直接近似により値が計算されている．不良個数は，平均 np，分散 $np(1-p)$，標準偏差 $\sqrt{np(1-p)}$ であるので，$N(np,\ np(1-p))$ となり，不良率は，平均 p，分散 $\dfrac{p(1-p)}{n}$，標準偏差 $\sqrt{\dfrac{p(1-p)}{n}}$ であるので，$N(p,\ \dfrac{p(1-p)}{n})$ となる．

演習問題

Q1 **正規分布表における確率を求めるとどのような値になるか．選択肢から 1 つ選び，その記号を解答欄にマークせよ．**

(1)　$N(0, 1^2)$ の規準正規分布で，$u = 1.96$ 以上の確率 [(1)]
(2)　$N(0, 1^2)$ の規準正規分布で，$u = -1.50$ 以下の確率 [(2)]
(3)　$N(0, 1^2)$ の規準正規分布で，$u = -1.28$ 以上の確率 [(3)]
(4)　$N(0, 1^2)$ の規準正規分布で，$u_1 = -1.68$ から $u_1 = 1.75$ の間の確率 [(4)]
(5)　$N(10, 3^2)$ の正規分布で，$x = 13.3$ 以上の確率 [(5)]

【選択枝】

ア．0.0250　イ．0.0668　ウ．0.1003　エ．0.1357　オ．0.1446
カ．0.1587　キ．0.5000　ク．0.8997　ケ．0.9134　コ．0.9750

Q2 **表と裏の確率が同じ（0.5）であるコインがある．5 回の施行（コイントス）を独立に行った場合，表の出る確率を求めるとどのような値になるか．選択肢から 1 つ選び，その記号を解答欄にマークせよ．**

(1)　表 5 回の確率 [(1)]
(2)　表 4 回の確率 [(2)]
(3)　表 1 回以下の確率 [(3)]

【選択枝】

ア．0.03125　イ．0.06250　ウ．0.09375　エ．0.12500　オ．0.15625
カ．0.18750　キ．0.25000　ク．0.50000　ケ．0.75000　コ．1.00000

解答と解説

Q1

(1)　ア：0.0250
　$u = 1.96$ に対応する Pr は Pr $= 0.0250$ である．

(2)　イ：0.0668

u = 1.50 に対応する Pr は 0.0668 である．正規分布は左右対称なので，u = −1.50 以下の確率は u = 1.50 以上の確率と同じであり，Pr = 0.0668 となる．

(3) ク：0.8997

u = −1.28 以下の確率は u = 1.28 以上の確率 0.1003 と同じである．したがって，u = −1.28 以上の確率は全体の確率「1」から引いて，Pr = 0.8997 となる．

(4) ケ：0.9134

u_1 = −1.68 以下の確率は 0.0465，u_2 = 1.75 以上の確率は 0.0401 である．全体の確率「1」からこの 2 つの確率を引くと，Pr=0.9134 となる．

(5) エ：0.1357

x=13.3 を規準化すると，$u = \dfrac{x-\mu}{\sigma} = \dfrac{13.3-10}{3} = 1.10$ となる．この u = 1.10 に対応する Pr は Pr = 0.1357 である．

Q2

(1) ア：0.03125

$${}_5C_5\left(\frac{1}{2}\right)^5\left(\frac{1}{2}\right)^0 = 1\times\left(\frac{1}{32}\right)\times 1 = 0.03125$$

(2) オ：0.15625

$${}_5C_4\left(\frac{1}{2}\right)^4\left(\frac{1}{2}\right)^1 = 5\times\left(\frac{1}{16}\right)\times\left(\frac{1}{2}\right) = 0.15625$$

(3) カ：0.18750

表が 0 回と 1 回の合計の確率となる．

$${}_5C_0\left(\frac{1}{2}\right)^0\left(\frac{1}{2}\right)^5 + {}_5C_1\left(\frac{1}{2}\right)^0\left(\frac{1}{2}\right)^4 = (1+5)\times\left(\frac{1}{32}\right) = 0.18750$$

16 管理図

16.1 管理図の考え方，使い方

管理図は，工程からとられた“ばらつき”を持つデータをもとに，工程の状態が統計的管理状態（安定状態）か異常かを客観的に判断する手段の一つであり，問題解決，工程の管理・改善および業務改善を進めるうえでの有効な手法である．管理図は製造現場のみでなく，サービス業においてもクレームやポカミスなどの不適合発生の管理にも適用可能であり，各場面（特性値）に応じた種々の管理図も準備されている．

ここでは，管理図の基本的な考え方・作り方・見方・活用方法を理解し，通常の時系列グラフでは得られない“管理図化”することによって得られる情報に基づいた工程解析・管理の方法を理解する必要がある．

(1) 偶然原因と異常原因

製品の品質の良否を判断する特性値には，必ず“ばらつき”がある．このばらつきは，“偶然原因”によるものと”異常原因”によるものに分類される．

- 偶然原因とは，工程が適正に管理されていても，特性にばらつきを与える原因のことで，不可避原因ともいう．
- 異常原因とは，工程に何らかの異常が発生したことにより特性にばらつきを与える原因のことで，見逃せない原因ともいう．

(2) 管理図と管理線

管理図とは，偶然原因に基づく変動から統計的に管理限界を定め，工程からとられたデータがその限界内にあるか否か，および点の並び方のクセの有無によって，工程が統計的管理状態にあるかどうかを図的に判定するための方法である．

管理図の構造は，連続的にサンプリングされ，時間順に打点された時系列グラフに，判定のための中心線とその両側に定めた一対の管理限界線により構成される（図 16.1）．なお，この中心線と管理限界線を総称して管理線と呼ぶ．

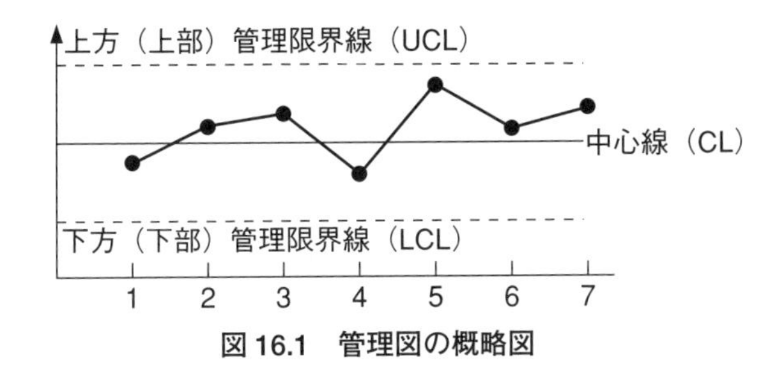

図 16.1　管理図の概略図

(3) 統計的管理状態（安定状態）

統計的管理状態とは，打点した点に，①管理はずれがなく，②点の並び方にクセがない状態である．ここで，工程が統計的管理状態にあるということと，不適合品が出ないということは異なるということに注意しなければならない．管理限界は偶然変動に基づき統計的に決められるが，不適合の判定に用いる規格は，顧客の要求水準により決められるものであり，両者は異なる判断基準となる．

(4) 3σ 限界（σ; シグマ）

一般的に管理図として使用されるシューハート管理図では，管理限界として，管理する特性の期待値の両側に標準偏差の 3 倍の幅をとった 3σ 限界が用いられる．分布が正規分布であれば，この 3σ 限界内に打点の約 99.7%が含まれることになる．

(5) 群分けと群

(1)　データを 1 日あるいは 1 ロットのように，小さなグループに分けることを“群分け”といい，分けられたデータのかたまりを”群”と呼ぶ．

(2)　群の中でのばらつきを群内変動，群の間のばらつきを群間変動と呼ぶ．

(3)　群分けの際には，各群にはできるだけ偶然原因によるばらつきのみが入り，異常原因によるばらつきは，できるだけ群間変動として現われるようにする．

16.2 管理図の実際

(1) 管理図の種類

1) 製品の品質特性を表わすデータには，計量値と計数値とがあるが，各々の場合における主な管理図として以下のものがある．

① 計量値の管理図――$\bar{X}-R$ 管理図，$\bar{X}-s$ 管理図，$Me-R$ 管理図，$X-R$ 管理図

② 計数値の管理図――p 管理図，np 管理図　c 管理図，u 管理図

2) また，使用目的により解析用管理図と管理用管理図に分類される．

(2) 管理図の作成

それぞれの管理図について中心線と管理限界を表 16.1 に示す．なお，品質管理検定レベル表においては，p 管理図と np 管理図の定義と基本的な考え方

表 16.1　中心線と管理限界

管理図の種類			標準値が与えられていない場合		標準値が与えられている場合	
			中心値	管理限界	中心値	管理限界
計量値の管理図	$\bar{X}-R$ 管理図（平均値と範囲）	$\bar{X}$	$\bar{\bar{X}}$	$\bar{\bar{X}}\pm A_2\bar{R}$	X_0 又は μ	$X_0\pm A\sigma_0$
		R	$\bar{R}$	$D_4\bar{R}$，$D_3\bar{R}$	R_0 又は $d_2\sigma_0$	$D_2\sigma_0$，$D_1\sigma_0$
	$\bar{X}-s$ 管理図（平均値と標準偏差）	$\bar{X}$	$\bar{\bar{X}}$	$\bar{\bar{X}}\pm A_3\bar{s}$	X_0 又は μ	$X_0\pm A\sigma_0$
		s	$\bar{s}$	$B_4\bar{s}$，$B_3\bar{s}$	s_0 又は $c_4\sigma_0$	$B_6\sigma_0$，$B_5\sigma_0$
	Me 管理図（メディアン）		$\bar{Me}$	$\bar{Me}\pm A_4\bar{R}$		
	$X-R$ 管理図	X	$\bar{X}$	$\bar{X}\pm E_2\bar{R}$	X_0 又は μ	$X_0\pm 3\sigma_0$
		R	$\bar{R}$	$D_4\bar{R}$，$D_3\bar{R}$	R_0 又は $d_2\sigma_0$	$D_2\sigma_0$，$D_1\sigma_0$
計数値の管理図	p 管理図（不適合品率）		$\bar{p}$	$\bar{p}\pm 3\sqrt{\bar{p}(1-\bar{p})/n}$	p_0	$p_0\pm 3\sqrt{p_0(1-p_0)/n}$
	np 管理図（不適合品数）		$n\bar{p}$	$n\bar{p}\pm 3\sqrt{n\bar{p}(1-\bar{p})}$	np_0	$np_0\pm 3\sqrt{np_0(1-p_0)}$
	c 管理図（不適合数）		$\bar{c}$	$\bar{c}\pm 3\sqrt{\bar{c}}$	c_0	$c_0\pm 3\sqrt{c_0}$
	u 管理図（単位当りの不適合数）		$\bar{u}$	$\bar{u}\pm 3\sqrt{\bar{u}/n}$	u_0	$u_0\pm 3\sqrt{u_0/n}$

注 1　X_0，μ，R_0，σ_0，s_0，p_0，np_0，c_0，u_0 は標準値

注 2　$X-R$ 管理図の $\bar{R}$ は $n=2$ の観測値の移動範囲の平均を表す．

ならびに$\overline{X}-R$管理図のみが試験範囲とされている．

(3) 管理図の見方と活用

工程が統計的管理状態にないと判断するための基本的な基準は，打点が管理限界の外にプロットされる場合であるが，さらに工程のわずかな変化を検出するために，上記基準に加えて”点の並び方のクセ”により判断する．その方法が，JIS Z 9021 に”8つの異常判定ルール”として示されている（図 16.2）．

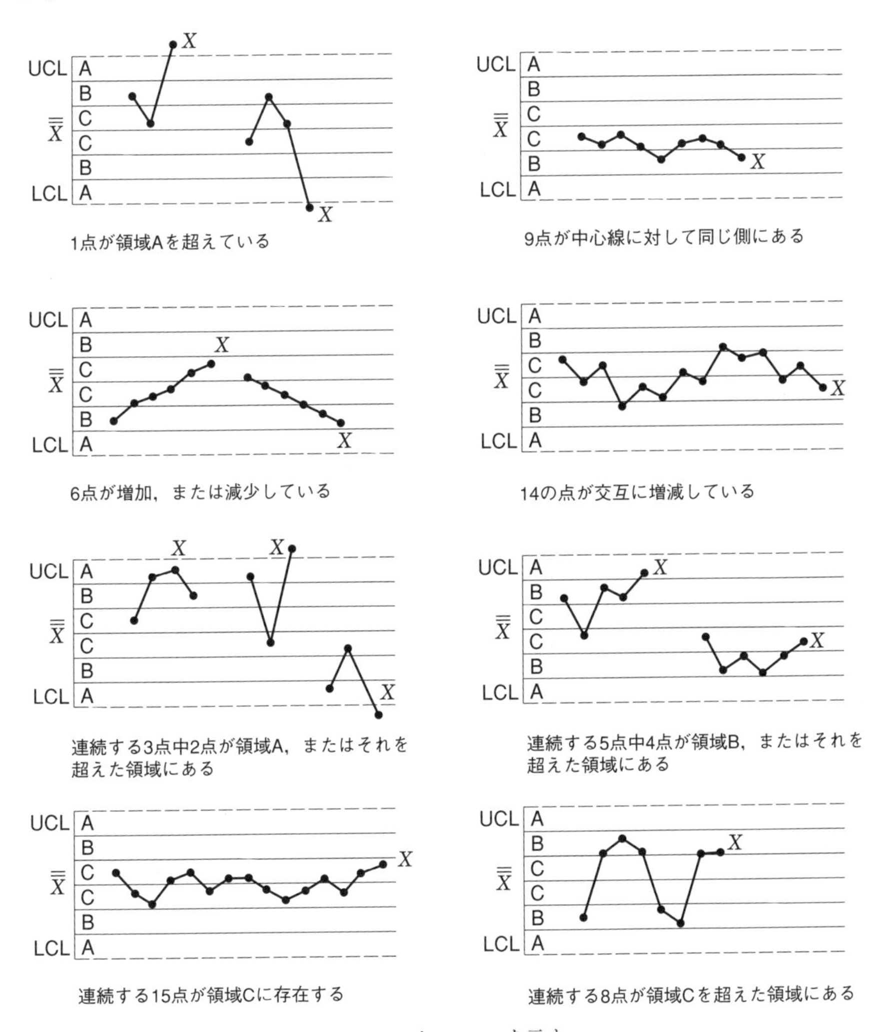

注）図中のAは ± 3 σ，Bは ± 2 σ，Cは ± 1 σ を示す．

図 16.2　異常の判定ルール

解答と解説

Q1　次の文章において，［　　］内に入るもっとも適切なものを選択肢から１つ選び，その記号を解答欄にマークせよ．

① 管理図とは，中心線とその両側に設定した一対の［(1)］とによって構成される折れ線グラフの一種である．［(1)］は，品質特性の変動の程度を判断する目安となり，品質特性の変動を［(2)］（不可避原因）によるものと，［(3)］（見逃せない原因）によるものとに合理的に区別するものである．したがって，打点が［(1)］の内側に入っていて，点の並び方に連や傾向などのクセがなければ，工程は［(4)］と判断する．

② JIS Z 9021 に規定されるシューハート管理図は，ほぼ規則的な間隔で工程からサンプリングされたデータから作成される．この一定間隔で得られるデータのかたまりを［(5)］という．

③ シューハート管理図は，中心線とその両側に統計的に求められた［(6)］（UCL）と［(7)］（LCL）により構成される．このUCL，LCLは，対象として取り上げた特性値の中心線の両側に，その特性値の［(8)］の3倍の幅をとっているから［(9)］ともいう．このように管理限界を設定すると，統計的管理状態の場合，約［(10)］%の打点が管理限界の内側に入る．

【選択肢】

ア．規格線　イ．管理限界　ウ．異常原因　エ．偶然原因
オ．不適合が発生しない　カ．統計的管理状態　キ．ロット
ク．群　ケ．上方(上部)管理限界　コ．下方(下部)管理限界
サ．平均値　シ．標準偏差　ス．95.0　セ．99.7　ソ．3σ 限界
タ．許容限界

Q2　次の文章において，もっとも適切な管理図を選択肢から１つ選び，その記号を解答欄にマークせよ．

① ある機械部品について，毎日5個抜き取り測定している部品の外形寸

法. [(1)]

② 化学製品の製造工程での製品中のアルコール純度. 測定は1日に1ロットについて実施している. [(2)]

③ 毎日の生産数が一定の, プラスチック成型部品の1日当たりの不適合品数. [(3)]

④ 成型材料の袋詰工程での各袋の質量. 毎ロットから5袋抜き取り, その抜き取ったサンプルの質量を測定しメディアンを求めている. [(4)]

⑤ A社のインターネット回線における毎日の切断件数. [(5)]

⑥ ロットの大きさの異なる半導体ウェーハ製造工程での不適合品率. [(6)]

⑦ 自動車の電動シート用モーターについて, 毎日400個サンプリングし, その中から発見された不適合品数. [(7)]

⑧ 稼動台数が毎日異なる工作機械1台当たりの故障発生件数. [(8)]

⑨ 重要部品について, 毎日ロットから1個抜き取り, 強度を破壊試験にて測定. [(9)]

⑩ 大きさの異なるガラスパネル板1㎡当たりのキズの件数. [(10)]

⑪ ある機械部品について, 毎日15個抜き取り測定している部品の外形寸法. なお, 工程の分散を評価するために群ごとに標準偏差を算出している. [(11)]

【選択肢】

ア. c 管理図　イ. p 管理図　ウ. $X-R$ 管理図　エ. u 管理図
オ. np 管理図　カ. $\overline{X}-R$ 管理図　キ. $Me-R$ 管理図
ク. $\overline{X}-s$ 管理図

Q3 次の文章において, [ ] 内に入るもっとも適切なものを選択肢から1つ選び, その記号を解答欄にマークせよ.

製品の重要な管理特性について, 毎日生産される製品からサンプリングし, 測定結果として表16.2のデータを得た. このデータを基に $\overline{X}-R$ 管理図を作成した.

データおよび表16.3の係数表から,

① この場合，群の大きさ n は，［(1)］である．

② $\bar{X}$管理図の中心線は，［(2)］となる．

③ $\bar{X}$管理図の管理限界は $\bar{\bar{X}} \pm A_2\bar{R}$ から，

UCL =［(3)］，LCL =［(4)］となる．

④ 一方，R 管理図の中心線は，［(5)］となる．

⑤ R 管理図の管理限界は $D_4\bar{R}$，$D_3\bar{R}$ から，

UCL =［(6)］，LCL =［(7)］となる．

表 16.2　管理図データシート

（単位： mg）

群番号	日付	X_1	X_2	X_3	X_4	$\bar{X}$	R
1	9月1日	6.9	7.2	6.8	8.0	7.23	1.2
2	9月2日	7.4	7.9	7.5	7.6	7.60	0.5
3	9月3日	7.7	7.6	7.5	7.3	7.53	0.4
4	9月4日	7.5	7.9	7.3	7.8	7.63	0.6
·	·	·	·	·	·	·	·
·	·	·	·	·	·	·	·
27	9月27日	7.2	7.2	6.8	7.4	7.15	0.6
28	9月28日	7.7	8.0	8.1	7.9	7.93	0.4
29	9月29日	7.6	7.8	7.3	8.1	7.70	0.8
30	9月30日	8.2	7.7	7.9	7.5	7.83	0.7
合計						223.35	19.8

$\Sigma \bar{X} = 223.35 \quad \Sigma R = 19.8 \quad \bar{\bar{X}} = \dfrac{223.35}{30} = 7.445 \quad \bar{R} = \dfrac{19.8}{30} = 0.66$

表 16.3　$\bar{X}-R$ 管理図係数表

群の大きさ	A_2	D_4	D_3
2	1.880	3.267	0.000
3	1.023	2.575	0.000
4	0.729	2.282	0.000
5	0.557	2.115	0.000
6	0.483	2.004	0.000

【選択肢】

ア．0　イ．0.66　ウ．1　エ．1.51　オ．3　カ．4

キ．6.96　ク．7.445　ケ．7.93　コ．19.8　サ．30　シ．223.35

ス．示されない

Q4

次の $\overline{X}-R$ 管理図について，工程で起こったと推測されることを，選択肢から１つ選び，その記号を解答欄にマークせよ．

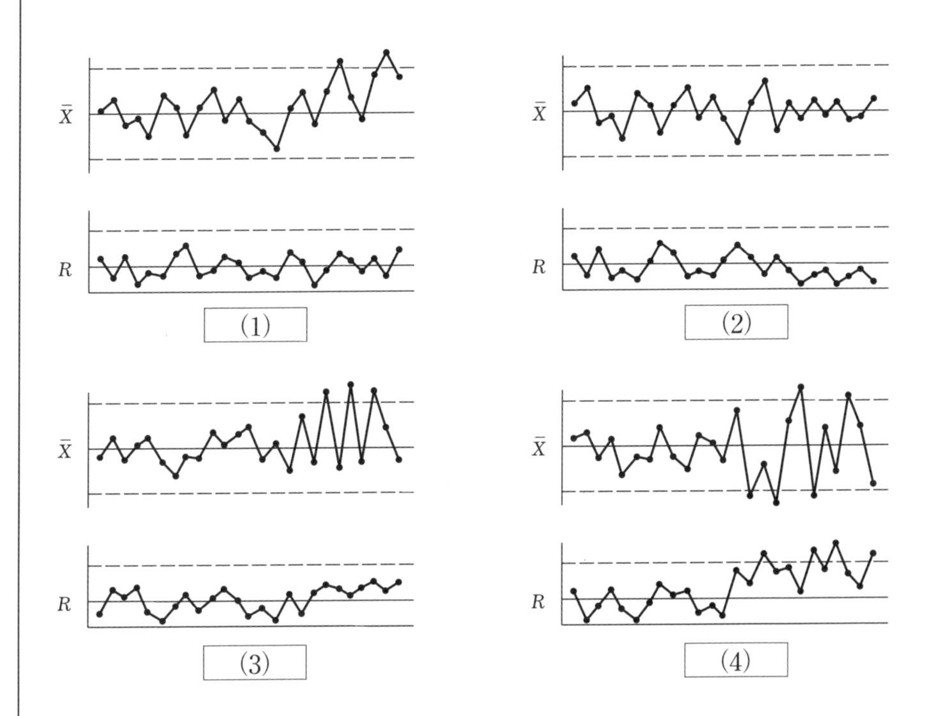

【選択肢】

ア．工程の平均が小さくなった

イ．工程の平均が大きくなった

ウ．工程のばらつきが小さくなった

エ．工程のばらつきが大きくなった

オ．工程の平均および，ばらつきの両方とも大きくなった

Q5

次の文章で，正しいものに○，正しくないものに × を解答欄にマークせよ．

① 管理図とは，判定基準に規格を用い，工程で不適合が発生するかどうかを判定するためのグラフである． (1)

② 工程が統計的管理状態であっても，その工程で不適合が発生する場合

がある．［　(2)　］

③　管理図で管理はずれが発生していても，不適合品が発生していなければ工程に対するアクションは必要ない．［　(3)　］

④　$\overline{X}-R$ 管理図において，$\overline{X}$ 管理図は統計的管理状態と判断されたが，R 管理図には管理はずれの点が存在した．この場合，工程平均が統計的管理状態なので，工程に対するアクションは不要である．［　(4)　］

⑤　群分けを行う際は，群内のばらつきが最大になるように，なるべく異なる条件で作られた製品が同一の群になるように構成する．［　(5)　］

⑥　$\overline{X}-R$ 管理図での管理限界は $\overline{\overline{X}}$，$\overline{R}$ が得られれば算出され，群の大きさは関係しない．［　(6)　］

⑦　管理用管理図を用いる場合，一度定めた管理限界は変更してはならない．［　(7)　］

⑧　p 管理図において，点が下方(下部)管理限界をはずれた場合，これは不適合品率が下がったためで，管理はずれであっても原因追究は不要である．［　(8)　］

⑨　管理用管理図の管理線は，解析用管理図で工程を解析し，工程が安定状態であることを確認したうえで，解析用管理図の管理線を延長して用いる．［　(9)　］

解答と解説

Q1

(1) イ：管理限界　(2) エ：偶然原因　(3) ウ：異常原因
(4) カ：統計的管理状態　(5) ク：群　(6) ケ：上方(上部)管理限界
(7) コ：下方(下部)管理限界　(8) シ：標準偏差　(9) ソ：3σ 限界
(10) セ：99.7

Q2

(1) カ：$\overline{X}-R$ 管理図　(2) ウ：$X-R$ 管理図　(3) オ：np 管理図
(4) キ：$Me-R$ 管理図　(5) ア：c 管理図　(6) イ：p 管理図
(7) オ：np 管理図　(8) エ：u 管理図　(9) ウ：$X-R$ 管理図
(10) エ：u 管理図　(11) ク：$\overline{X}-s$ 管理図

どの管理図を使うかは，対象とする特性値や使用目的によって決まる．とくに，計数値の管理図を選択する際は，サンプルの大きさが一定かどうかによって用いる管理図の種類が異なってくるので，どのようなサンプリングで得られたデータかをよく確認する必要がある．

Q3 (1) カ：4

データシートから，一日を群として毎日 4 個のデータがとられている．よって群の大きさは，$n=4$ となる．

(2) ク：7.445

中心線（CL）$= \bar{\bar{X}} = 7.445$ となる．

(3) ケ：7.93

$\bar{\bar{X}} = 7.445$，$\bar{R} = 0.66$，群の大きさが 4 のとき，係数表から $A_2 = 0.729$ が得られ，$\mathrm{UCL} = \bar{\bar{X}} + A_2\bar{R} = 7.445+0.729\times0.66 = 7.93$ となる．

(4) キ：6.96

同様に，$\mathrm{LCL} = \bar{\bar{X}} - A_2\bar{R} = 7.445 - 0.729\times0.66 = 6.96$ となる．

(5) イ：0.66

中心線（CL）$= \bar{R} = 0.66$ となる．

(6) エ：1.51

R 管理図の UCL は $D_4\bar{R}$ で求められ，係数表から $D_4 = 2.282$，$\bar{R} = 0.66$ から，$\mathrm{UCL} = 2.282\times0.66 = 1.51$ となる．

(7) ス：示されない

群の大きさ n が，$n \leqq 6$ の場合，$D_3=0$ であり，LCL は“示されない”．

Q4 (1) イ：工程の平均が大きくなった

$\bar{X}$ 管理図上の点が上昇傾向にあり，工程平均が大きくなったと推測される．

(2) ウ：工程のばらつきが小さくなった

R 管理図上の点が下降傾向にあり，工程のばらつきが小さくなったと推測される．

(3) オ：工程の平均および，ばらつきの両方とも大きくなった

$\bar{X}$ 管理図上の点および R 管理図上の点いずれも上昇傾向にあり，工程平均，工程のばらつき両方とも大きくなったと推測される．

(4) エ：工程のばらつきが大きくなった

R 管理図上の点が上昇傾向にあり，工程のばらつきが大きくなったと推測される．なお，$\bar{X}$ 管理図上の点の上下の動きは激しくなっているが，工程の平均は変化していないと推測される．

群間の分散を σ_b^2，群内の分散を σ_w^2 とすると，$\bar{x}$ の分散 $\sigma_{\bar{x}}^2$ は $\sigma_{\bar{x}}^2 = \sigma_b^2 + \sigma_w^2/n$ （n；群の大きさ）と表わされる．この式から，$\bar{x}$ のばらつきは，群間変動 σ_b^2 だけでなく，群内変動 σ_w^2 の影響を受けることがわかる．本問では (2)～(4) のケースがその場合に相当する．

Q5

(1) × 管理図は，工程が統計的管理状態かどうかを判断するためのものであり，製品個々の適合・不適合の判定をするためものではない．また，判定基準は規格値ではなく，統計的に定めた管理限界を用いる．

(2) ○ 統計的管理状態の判定に用いる管理限界は，偶然原因の大きさによって決まる．それに対して適合・不適合の判定に用いる規格は，顧客の要求に基づいて決められるものである．

(3) × 工程が統計的管理状態にないということは，工程が一定の分布で推移していないことを示しており，得られる特性値が予想できない状態である．よって，なぜ工程が安定していないか解析が必要である．

(4) × 工程のばらつきが統計的管理状態にないということを示しており，工程平均にも影響を及ぼすので，異常原因の解析が必要である．

(5) × 群分けを行う際は，群内のばらつきはなるべく小さくなるように，“均質のもの”が同一の群に入るように構成する．

(6) × $\bar{X}$ 管理図の管理限界である $\bar{\bar{X}} \pm A_2 \bar{R}$ での A_2 および R 管理図の管理限界である $D_3\bar{R}$，$D_4\bar{R}$ での D_3，D_4 の値は，群の大きさ n をもとに求められる．よって，管理限界は群の大きさと関係がある．

(7) × 技術的に考えて，工程が変わった，あるいは管理図の点の動きから工程が変わったと考えられる場合などには，管理限界や管理方法の見直しが必要である．

(8) ×　管理はずれが発生したということは，異なる状態で製品が作られたことを示している．よって，たとえ不適合品率が下がったとしても，なぜ下がったかの原因追究は必要であり，その結果に基づいて工程へのアクションをとる必要がある．

(9) ○

17 工程能力指数

17.1 工程能力指数の計算と工程能力の評価方法

(1) 工程能力指数（C_p, C_{pk}）

工程能力とは，安定した工程において，工程がどの程度のばらつきの品質で品物を生産することができるかという，工程の質的能力である．

工程能力を判断する基準の一つに工程能力指数（C_p, C_{pk}）がある（表17.1）．

表 17.1　工程能力指数

適用条件		工程能力指数
両側規格	①　平均値が規格の中心付近の場合	$C_p = \dfrac{S_U - S_L}{6 \times s}$
	②　平均値が規格の中心より下限規格側に大きくずれている場合	$C_{pk} = \dfrac{\bar{x} - S_L}{3 \times s}$
	③　平均値が規格の中心より上限規格側に大きくずれている場合	$C_{pk} = \dfrac{S_U - \bar{x}}{3 \times s}$
片側規格	①　下限規格の場合	$C_p = \dfrac{\bar{x} - S_L}{3 \times s}$
	②　上限規格の場合	$C_p = \dfrac{S_U - \bar{x}}{3 \times s}$

S_U：上限規格，S_L：下限規格，s：標準偏差，$\bar{x}$：平均値，C_{pk}：かたよりを考慮した工程能力指数

(2) 工程能力指数による工程能力の判断

工程能力指数による工程能力の判断基準を表 17.2 に示す．工程能力指数が1.33 以上であれば，工程能力は十分と判断する．

表 17.2　工程能力指数による工程能力の判断基準

No.	C_p（または C_{pk}）の値	工程能力の判断
1	$1.67 \leqq C_p$, C_{pk}	工程能力は十分すぎる
2	$1.33 \leqq C_p$, $C_{pk} < 1.67$	工程能力は十分である
3	$1.00 \leqq C_p$, $C_{pk} < 1.33$	工程能力は十分とはいえないがまずまずである
4	$0.67 \leqq C_p$, $C_{pk} < 1.00$	工程能力は不足している
5	C_p, $C_{pk} < 0.67$	工程能力は非常に不足している

(3) 工程能力図

工程能力図は，工程能力を表わすために，主として時間的順序で品質特性の観測値を打点した図である．工程能力，すなわち，工程の持つ品質に関する能力を図に表わしたものが工程能力図である．これは，工程品質能力図と呼ばれることもある．

演習問題

Q1　次の文章において，[　　　] 内に入るもっとも適切なものを選択肢から１つ選び，解答欄にマークせよ．

① 工程能力は，工程の持つ [(1)] 能力を示すもので，目標とする品質をどの程度満足しているかを示す．

② 工程能力指数は記号 [(2)] で表わされ，かたよりを考慮した工程能力指数は記号 [(3)] で表わされる．

③ 上限規格が86.0g，下限規格が82.0gで，工程の平均値が84.03 gであり，標準偏差を求めたところ0.438gであった．この工程の工程能力指数は [(4)] であり，工程能力は「[(5)]」と判断される．

④ 工程能力が十分であると判断されるのは，工程能力指数が [(6)] 以上の場合である．

⑤ 両側に規格があり，平均値が規格の中心より上限規格側に大きくずれている場合，上限規格と下限規格のうち，[(7)] のみを用いて，かたよりを考慮した工程能力指数を求める．

⑥ ある工程から100個のサンプルをとり，100個のデータでヒストグラムを作成したところ，図17.1のようになった．ヒストグラムの区間の範囲が規格の幅とほぼ同じ程度なので，この工程の工程能力指数は，おおよそ [(8)] と考えられる．

⑦ 両側に規格があり，平均値が規格の中心付近で工程能力指数が1.00の場合，この工程における不適合品率は，約 [(9)] %と考えられる．

【選択肢】

ア．質的　イ．量的　ウ．C_{pk}　エ．C_p　オ．0.3　カ．1.00
キ．1.33　ク．1.52　ケ．1.67　コ．3.04　サ．十分である

シ．不足している　　　ス．上限規格　　　セ．下限規格

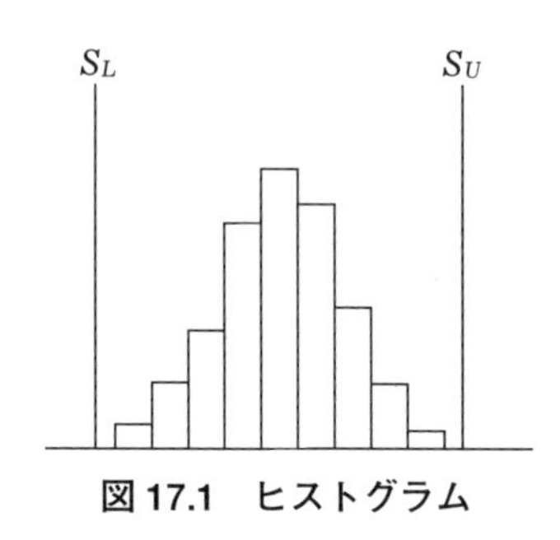

図 17.1　ヒストグラム

Q2 図 17.2 のグラフは，横軸に時間的順序，縦軸に特性値をとり，打点した図に，規格の上限 S_U，下限 S_L を加えたものである．各グラフから読みとれることとして，もっとも適切なものを選択肢から 1 つ選び，その記号を解答欄にマークせよ．

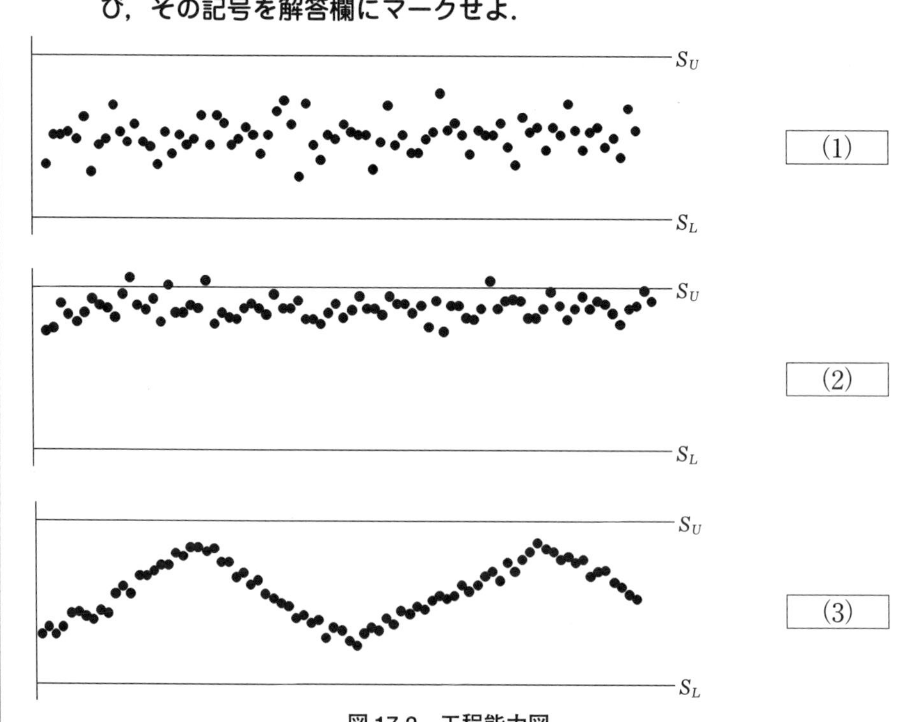

図 17.2　工程能力図

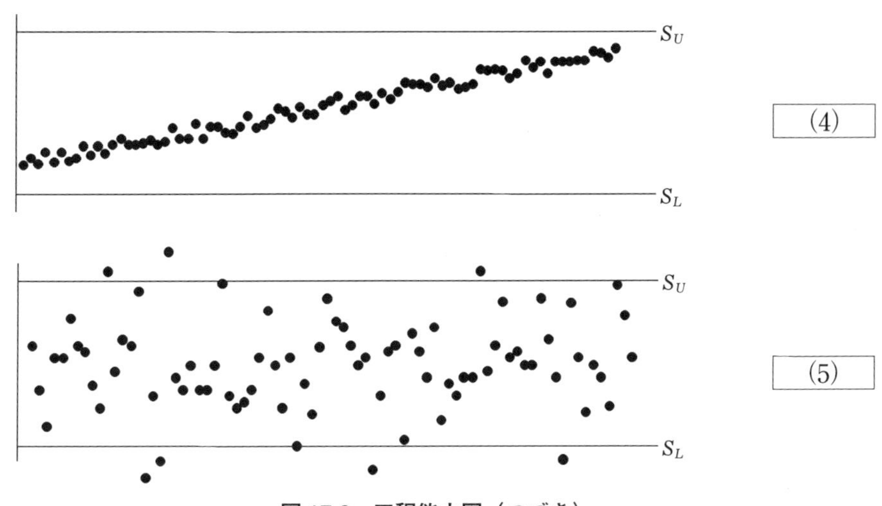

図 17.2　工程能力図（つづき）

【選択肢】

ア．工程は安定していて，ばらつきは規格に対して満足である

イ．ばらつきが大きい

ウ．ばらつきは小さいが，平均が高すぎる

エ．周期的な変動がある

オ．次第に上昇の傾向がある

解答と解説

Q1

(1) ア：質的

工程能力は，質的能力を示す．

(2) エ：C_p

(3) ウ：C_{pk}

(4) ク：1.52

$$C_p = \frac{S_U - S_L}{6 \times s} = \frac{86.0 - 82.0}{6 \times 0.438} = \frac{4.0}{2.628} = 1.52$$

(5) サ：十分である

$1.67 > C_p \geqq 1.33$ のとき，工程能力は十分である，と判断する．

(6) キ：1.33

(7) ス：上限規格

二つの規格のうち，平均値に近い側の規格を用いる．

(8) カ：1.00

100個程度のデータでヒストグラムを作成し，一般型（一山型）になる場合，ヒストグラムの区間の幅は，おおよそ6sと考えられる．したがって，ヒストグラムの区間の範囲が規格の幅と同じ程度の場合，工程能力指数は1.0程度と考えられる．

(9) オ：0.3

特性が正規分布に従うと考えられ，工程能力指数が1.00ということは，規格の位置が規格の中心から3s（標準偏差sの3倍）であると考えられる．規格の外側は3s以上なので，正規分布で3s以上となる確率である約0.3%(0.27%)の不適合品(不良品という場合もある)が発生すると考えられる．表17.3にC_pの値，規格の幅（標準偏差sの何倍）と理論不適合品率を示す．

表17.3　C_pの値，規格の幅と理論不適合品率

工程能力指数	規格の幅	理論不適合品率
C_p = 1.67	sの10倍	0.00006%
C_p = 1.33	sの8倍	0.0063%
C_p = 1.00	sの6倍	0.27%
C_p = 0.67	sの4倍	4.6%

Q2

(1) ア：工程は安定していて，ばらつきは規格に対して満足である

打点が規格の上限S_Uから規格の下限S_Lの範囲内でばらついており，規格をはずれる打点がない．打点のばらつきの中心は規格の中心とほぼ一致している．また，上昇，下降，周期的な変動がない．

(2) ウ：ばらつきは小さいが，平均が高すぎる

図17.3で示すように，打点のばらつきの範囲は規格の幅と比べて狭いので，ばらつきは小さい．また，図17.4で示すように，平均（打点のばらつきの中心）が規格の中心より高い．

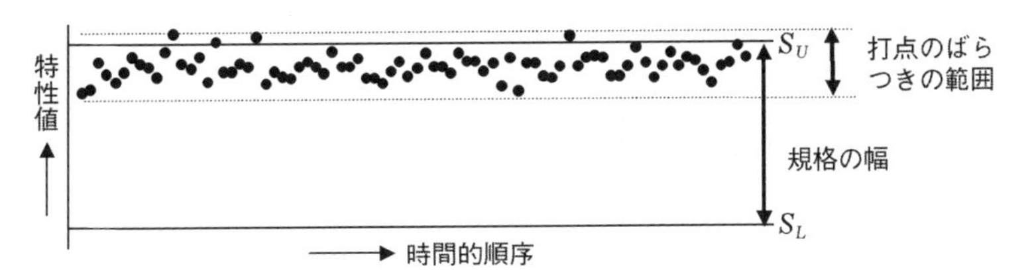

図 17.3　工程能力図におけるばらつきの評価

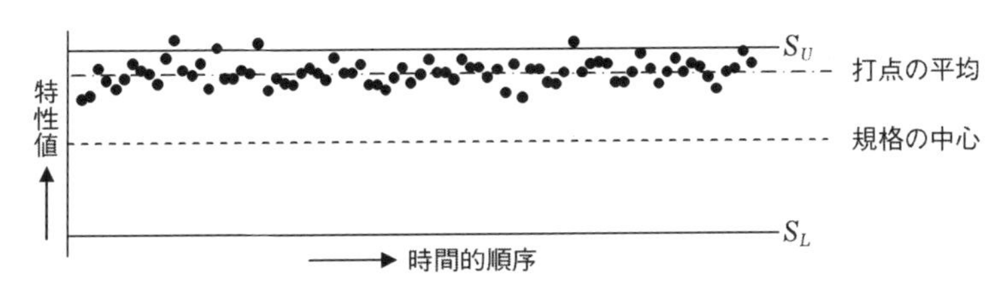

図 17.4　工程能力図における規格の中心と平均との比較

(3)　エ：周期的な変動がある

　　打点が一定期間で上昇・下降を繰り返す周期的な変動がある．

(4)　オ：次第に上昇の傾向がある

　　打点が時間とともに高くなり，上昇傾向がある．

(5)　イ：ばらつきが大きい

　　打点が規格の上限 S_U，規格の下限 S_L の範囲を超えてばらついており，ばらつきが大きい（打点の平均は規格の中心とほぼ一致している）．

⑱ 相関分析

18.1 相関係数

対になった2つのデータの関係を調べるための手法として，13.5節にて散布図について勉強した.

相関係数とは，対になった2つのデータの関係の直線関係の強さを調べるための手法である．つまり，2次曲線の関係や飛び離れた値がある場合などには，相関係数はそれらの関係を正しく示すことができない．そのため，相関係数を用いる場合には注意を要する.

相関係数 r は以下の式で計算する.

$$r = \frac{S_{xy}}{\sqrt{S_{xx} \cdot S_{yy}}}$$

ここで，

$$S_{xx} = \sum (x_i - \overline{x})^2 = \sum x_i^2 - \frac{\sum x_i^2}{n}$$

$$S_{yy} = \sum (y_i - \overline{y})^2 = \sum y_i^2 - \frac{\sum y_i^2}{n}$$

$$S_{xy} = \sum (x_i - \overline{x})(y_i - \overline{y}) = \sum x_i y_i - \frac{\sum x_i \sum y_i}{n}$$

である．S_{xx} はデータ x の偏差平方和（12.5節参照），S_{yy} はデータ y の偏差平方和，S_{xy} はデータ x とデータ y の偏差積和であり，共変動とも呼ばれる.

r は，$-1 \leqq r \leqq 1$ の値をとり，1に近い場合には正の相関，-1 に近い場合には負の相関があるという．そして，0に近い場合は相関がないという.

演習問題

Q1 **次の散布図の相関係数を以下の選択枝から選び，その記号を解答欄に記入せよ.**

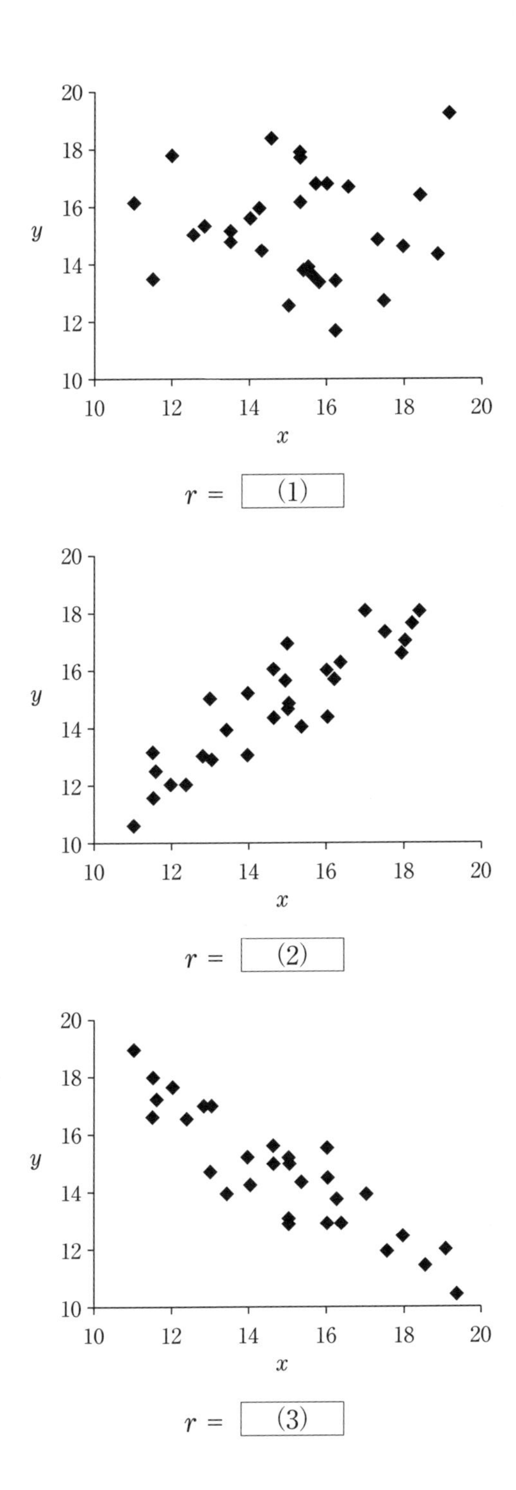
20
18
16
y
14
12
10
10
12
14
16
18
20
x
r = (1)
20
18
16
y
14
12
10
10
12
14
16
18
20
x
r = (2)
20
18
16
y
14
12
10
10
12
14
16
18
20
x
r = (3)

【選択枝】

ア．－1.0　イ．－0.9　ウ．－0.5　エ．0.0　オ．0.5　カ．0.9　キ．1.0

Q2 **次の散布図に対して 横軸に対する縦軸の関係を相関係数を用いて表したい．**
相関係数を求めてよいか，判定欄に○，×をつけ，その理由として適当な文章を選択肢から選び，その記号を解答欄にマークせよ．

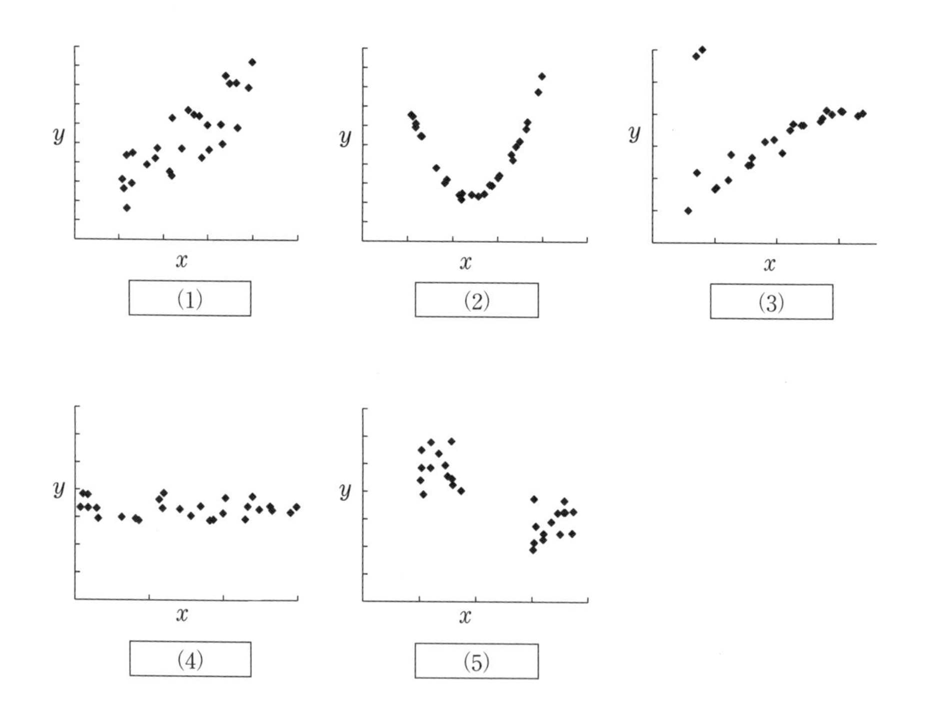

【選択枝】

ア．xが大きくなるとyも大きくなる正の相関が認められるので，相関係数を用いて相関関係の強さを表すとよい．

イ．xが大きくなるとyが小さく大きくなる負の相関が認められるので，相関係数を用いて相関関係の強さを表すとよい．

ウ．点が2つの群に集まっており層別の必要性を検討する必要がある．

エ．点が2つの群に集まっているが，全体として負の相関と思われるので，相関係数を用いて両者の相関関係を表すとよい．

オ．x が変化しても y に影響を与えないように見える．

カ．ともに2次の関係が認められるので相関係数を求める意味がない．

キ．他と離れた異常と思われる点があるので，データの素性を確認したほうがよい．

ク．他と離れた異常と思われる点があるが，2点あるので異常値ではなさそうである．よって，相関係数を用いてもよい．データの素性を確認したほうがよい．

Q3 **部品Aの横軸の長さ（x）と縦軸の長さ（y）との関係を調べるために，5個の対応するデータをとった（表18.1）．これらの値を用い，x の偏差平方和 S_{xx}，y の偏差平方和 S_{yy}，x と y の偏差積和 S_{xy}，相関係数 r を求めるとどのような値になるか．選択肢から1つ選び，その記号を解答欄にマークせよ．**

表18.1　部品Aの横軸の長さ（x）と縦軸の長さ（y）のデータ表

No.	横軸の長さ（mm）	縦軸の長さ（mm）
1	3.0	8.0
2	1.0	6.0
3	3.0	7.0
4	1.0	5.0
5	2.0	8.0

x の偏差平方和　S_{xx} = ［(1)］ $(\mathrm{mm})^2$

y の偏差平方和　S_{yy} = ［(2)］ $(\mathrm{mm})^2$

x と y の偏差積和 S_{xy} = ［(3)］ $(\mathrm{mm})^2$

相関係数　r = ［(4)］

【選択枝】

ア．− 1.0　イ．0.00　ウ．0.23　エ．0.50　オ．0.77

カ．1.0　キ．2.0　ク．4.0　ケ．6.8　コ．7.0

サ．10.0　シ．12.0　ス．24.0　セ．72.0　ソ．238.0

解答と解説

Q1

(1) エ：0.0
(2) カ：0.9
(3) イ：－ 0.9

Q2

(1) ○, (理由) ア
xが大きくなるとyも大きくなる正の相関が認められ，とくに異常値もないことから相関係数を求めて相関の強さを評価するとよい.
(2) ×, (理由) カ
xとyに2次の関係が認められる．相関係数は両者の直線関係を示すので，これを求める意味がない.
(3) ×, (理由) ウ
2点だけが他の点と大きく離れている．異質なデータが混在する可能性が大きいので，製品の作り方やデータ測定のしかたを確認する必要がある.
(4) ×, (理由) オ
xが変化してもyに影響を与えないように見える．両者は無関係と判断され，相関係数を求める意味がない.
(5) ×, (理由) ウ
点が2つの群に集まっており，二元正規分布（xとyがそれぞれ正規分布すること）に見えない．データを層別し，2つの群に別れた理由を確認する必要がある.

Q3

(1) ク：4.0

$$S_{xx} = \sum (x_i - \overline{x})^2 = \sum x_i^2 - \frac{\sum (x_i)^2}{n}$$

$$= (3.0^2 + 1.0^2 + \cdots + 2.0^2) - \frac{(3.0 + 1.0 + \cdots + 2.0)^2}{5}$$

$$= 24.0 - \frac{10^2}{5}$$

$$= 4.0$$

(2) ケ：6.8

$$S_{yy}=\sum(y_i-\overline{y})^2=\sum y_i^2-\frac{\sum(y_i)^2}{n}$$

$$=(8.0^2+6.0^2+\cdots+8.0^2)-\frac{(8.0+6.0+\cdots+8.0)^2}{5}$$

$$=238.0-\frac{34^2}{5}$$

$$=6.8$$

(3) ク：4.0

$$S_{xy}=\sum(x_i-\overline{x})(y_i-\overline{y})=\sum x_i y_i-\frac{\sum(x_i)\sum(y_i)}{n}$$

$$=(3.0\times8.0+1.0\times6.0+\cdots+2.0\times8.0)$$

$$-\frac{(3.0+1.0+\cdots+2.0)(8.0+6.0+\cdots+8.0)}{5}$$

$$=72.0-\frac{10.0\times34.0}{5}=4.0$$

(4) オ：0.77

$$r=\frac{S_{xy}}{\sqrt{S_{xx}\cdot S_{yy}}}=\frac{4.0}{\sqrt{4.0\times6.8}}=0.77$$

参考・引用文献

［1］ 編集委員長 吉澤正：『クォリティマネジメント用語辞典』，日本規格協会，2004 年.

［2］ 日本規格協会 編：『JIS ハンドブック 57 品質管理』，2006 年.

［3］ 細谷克也：『QC 的ものの見方・考え方』，日科技連出版社，1994 年.

［4］ 細谷克也：『QC 七つ道具』，日科技連出版社，2006 年.

［5］ 細谷克也 編著：『品質経営システム構築の実践集』，日科技連出版社，2002 年.

［6］ 小野満照，直井知与 編著：『品質経営システム構築の実践集』，日科技連出版社，2002 年.

［7］ 仁科健 編：『品質管理教本 QC 検定 3 級対応』，日本規格協会，2006 年.

［8］ 鐵健司 編，久利孝一，氷鉋興志 著：『新版 QC 入門講座 3 社内標準化とその進め方』，日本規格協会，1999 年.

［9］ 鐵健司 編，中村達男 著：『新版 QC 入門講座 7 管理図の作り方と活用』，日本規格協会，1999 年.

［10］ 石原健吉，五影勲，細谷克也：『図表とグラフ』，日科技連出版社，1974 年.

［11］ 角田克彦，広瀬淳，市川享司：『QC 手法 I』，日科技連出版社，1991 年.

［12］ 『職場長のための問題解決実践コーステキスト』，日本科学技術連盟.

［13］ 『通信教育 品質管理基礎講座テキスト』，日本科学技術連盟.

［14］ 『品質管理セミナーベーシックコーステキスト』，日本科学技術連盟.

① 狩野紀昭ほか：『第 0 章　技術者・スタッフにとっての TQM』

② 棟近雅彦：『第 1 章　データのとり方・まとめ方』

③ 尾島善一：『第 12 章　データのとり方・まとめ方』

④ 宮村鐵夫：『第 13 章　信頼性工学』

⑤ 中條武志，棟近雅彦：『第 20 章　プロセスの設計と管理』

⑥ 飯塚悦功：『第 20 章　品質保証体系の構築』

⑦ 大藤正，谷津進：『第 23 章　経営管理システムの構築と運営』

［15］ 佐藤一郎，浅野通有：『漢字に強くなる本』，光文書院，1978 年.

［16］ 『新しい計量管理の進め方』，計量管理協会，1977 年.

［17］ 『デミング賞実施賞受賞報告講演要旨集 1985』，日本科学技術連盟.

［18］ 平林良人：『〔2000 年版対応〕ISO 9001 品質マニュアルの作り方』，日科技連出版社，2001 年.

［19］ 狩野紀昭 監修：『QC サークルのための課題達成型 QC ストーリー』，日科技連出版社，1979 年.

［20］ 『QC サークル』，No.364，日本科学技術連盟.

［21］ QC サークル開発部会 編：『管理者・スタッフの新 QC 七つ道具』，日科技連出版社，1979 年.

［22］ 新 QC 七つ道具研究会 編：『やさしい新 QC 七つ道具』，日科技連出版社，1984 年.

［23］ 『新 QC 七つ道具入門コーステキスト』，日本科学技術連盟，2008 年.

[24]　仲野彰：『品質管理検定教科書　QC 検定 3 級』，日本規格協会，2015 年．
[25]　鈴木秀男：『QC 検定 3 級集中テキスト & 問題集』，ナツメ社，2015 年．
[26]　QC サークル本部編：『QC サークルの基本』，日本科学技術連盟，1996 年．
[27]　石川馨 監修：『管理技術ポケット事典』，日科技連出版社，1984 年．
[28]　三浦新，狩野紀昭，津田義和，大橋靖雄：『TQC 用語辞典』，日本規格協会，1985 年．
[29]　日本規格協会編：『社内規格の手法［新版］』，日本規格協会，1979 年．
[30]　新版品質管理便覧編集委員会編：『新版品質管理便覧』，日本規格協会，1977 年．
[31]　古川光編：『標準化』，日本規格協会，1981 年．
[32]　木暮正夫：『工程能力の理論とその応用』，日科技連出版社，1981 年．
[33]　狩野紀昭：『日常管理の徹底』，品質月間委員会，1983 年．
[34]　五影博之：『問題解決に役立つ統計的なセンスと手法を身につけよう』，品質月間委員会，2011 年．
[35]　狩野紀昭，瀬楽信彦，高橋文夫，辻新一 著：「魅力的品質と当り前品質」，『品質』，Vol.14，No.2，日本品質管理学会，1984 年．
[36]　佐藤一郎，浅野通有 編：『漢字に強くなる本―これは重宝』，光文書院，1978 年．

著者紹介

鈴木　　聡（品質コンサルタントオフィス 所長，東京情報大学 非常勤講師，㈠財日本科学技術連盟 嘱託）

五影　博之（日本アドックス㈱）

恵畑　　聡（㈠財日本データ通信協会）

小原　次夫（東日本電信電話㈱）

加藤　行勝（加藤技術士事務所）

篠原　健雄（㈠財日本科学技術連盟　嘱託）

清水　　力（NTT ラーニングシステムズ㈱）

末永　量三（セイコータイムシステム㈱）

須加尾政一（Q&SGA 研究所 代表，㈠財日本科学技術連盟 嘱託）

中森　幸廣（自動車部品工業㈱）

宮脇　　均（㈶電気通信端末機器審査協会）

渡邉　裕之（㈱エルデータサイエンス）

品質管理検定試験　QC検定3級受験対策
演習問題・解説集　第3版

2007年2月17日　初　版　第1刷発行
2008年12月19日　初　版　第6刷発行
2009年5月30日　増補版　第1刷発行
2016年1月20日　増補版　第15刷発行
2016年5月26日　第3版　第1刷発行

編著者　鈴木　聡
著　者　五影博之，恵畑　聡，小原次夫
加藤行勝，篠原健雄，清水　力
末永量三，須加尾政一，中森幸廣
宮脇　均，渡邉裕之

発行人　田中　健

発行所　株式会社　日科技連出版社
〒151-0051　東京都渋谷区千駄ヶ谷5-15-5
DSビル
電　話　出版　03-5379-1244
営業　03-5379-1238

検印省略

Printed in Japan　　印刷・製本　河北印刷株式会社

© *S.Suzuki et al. 2007, 2009, 2016*
ISBN 978-4-8171-9571-5
URL http://www.juse-p.co.jp/

本書の全部または一部を無断で複写複製(コピー)することは，著作権法上での例外を除き，禁じられています．